天台种植园

锦鱼/著

湖南科学技术出版社

图书在版编目（ＣＩＰ）数据

天台种植园 / 锦鱼著. —长沙：湖南科学技术出版社，2022.6
ISBN 978-7-5710-1582-4

Ⅰ．①天… Ⅱ．①锦… Ⅲ．①观赏园艺 Ⅳ．①S68

中国版本图书馆 CIP 数据核字(2022)第 083918 号

TIANTAI ZHONGZHIYUAN
天台种植园

著　　者：锦　鱼
出 版 人：潘晓山
责任编辑：杨　旻　周　洋　李　霞
封面设计：锦　鱼
责任美编：刘　谊
出版发行：湖南科学技术出版社
社　　址：长沙市芙蓉中路一段 416 号泊富国际金融中心
网　　址：http://www.hnstp.com
湖南科学技术出版社天猫旗舰店网址：
　　　　　http://hnkjcbs.tmall.com
邮购联系：本社直销科 0731-84375808
印　　刷：长沙市雅高彩印有限公司
　　　　　（印装质量问题请直接与本厂联系）
厂　　址：长沙市开福区中青路 1255 号
邮　　编：410153
版　　次：2022 年 6 月第 1 版
印　　次：2022 年 6 月第 1 次印刷
开　　本：889mm*1194mm　1/16
印　　张：6.75
字　　数：224 千字
书　　号：ISBN 978-7-5710-1582-4
定　　价：68.00 元

推荐序

　　疫情时代，网购蔬菜种子的人数逐年攀升，"家庭菜园"的热度也不断提升。我希望每一个想实现"蔬果自由"的朋友都能遇到这本书。

　　虹越的不少花友都是养花、种菜、种果树同时进行，家里既有美景又有美食，他们像打理花园一样精心地呵护自己的菜园，待到花团锦簇、蔬果香甜时，赏花、收获、拍摄、记录，从不同的角度体验园艺带来的幸福感。

　　对于每个生活在城市森林里远离自然的成年人来说，《天台种植园》不仅仅是一本可以让你实现"蔬果自由"的露台种植指南，更是一把可以追忆童年、回归田园慢节奏的生活秘钥。

　　种菜，不仅可以为我们提供身体健康所必需的食材，它还与养护花草一样，对我们身心具有抚慰疗愈作用。慢下来，停下来，扎根生长，关注心灵、环境，植物告诉我们，不能因为无谓的"快"而错失诸多美好的事物。

　　期待"种菜热"能持续释放能量，也期待更多人能在植物的疗愈作用下，寻得劳逸结合、有张有弛的生活真谛。

虹越花卉股份有限公司董事长

Contents

目录

第一章

前期准备

城市的繁忙生活让我们渴望与大自然接触，享受植物世界的宁静时光。在城市中想要拥有一片属于自己的绿荫地实属不易，而天台就是一个可以利用起来的空间，我们可以把天台打造成一个既美观又能提供食材的种植园。

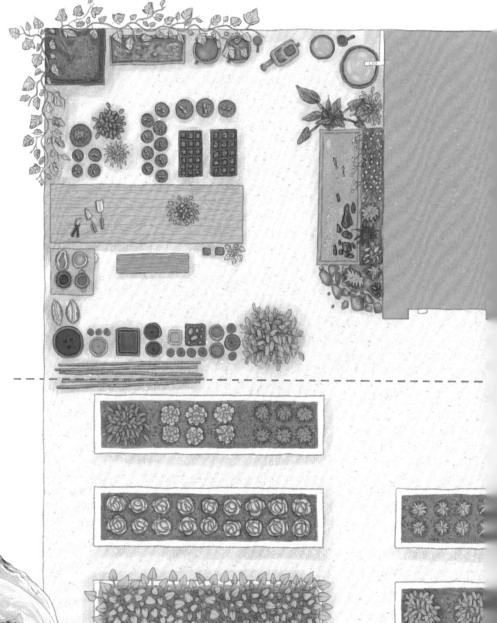

无论是天台还是楼顶，要打造成种植园的第一步是给空间做规划，了解空间的方位朝向与光照环境。与开阔的地面种植不一样，你的种植空间可能会被四周的建筑物遮挡，会受光照条件影响，因此要结合实际环境来决定植物的种植位置与种植植物的种类。

劳作区

劳作区是进行园艺劳动与工具放置的空间，换盆、育苗繁殖、处理残枝等种植工作，都可以在这里进行。

蔬菜区

蔬菜区是种植食材的空间，可以种植一些瓜果蔬菜，在这里体验种植与收获的乐趣。如果你有孩子，这里也将是一个非常好的亲子活动场地。

首先测量出楼顶的面积，再根据建筑结构把楼顶空间分为 3 个部分：劳作区、蔬菜区和花园区。这样可以更合理地利用有限的空间。

劳作区　　　蔬菜区　　　花园区

这种规划兼具美观与实用性，是一个比较通用的规划思路，在每个区域中再规划出种植植物的种类及其相应位置，这样我们在选购植物时就会更明确。如果空间有限，种植区可以不作划分，但一定要保留足够的劳作空间。这样能让你从容地进行园艺劳动。

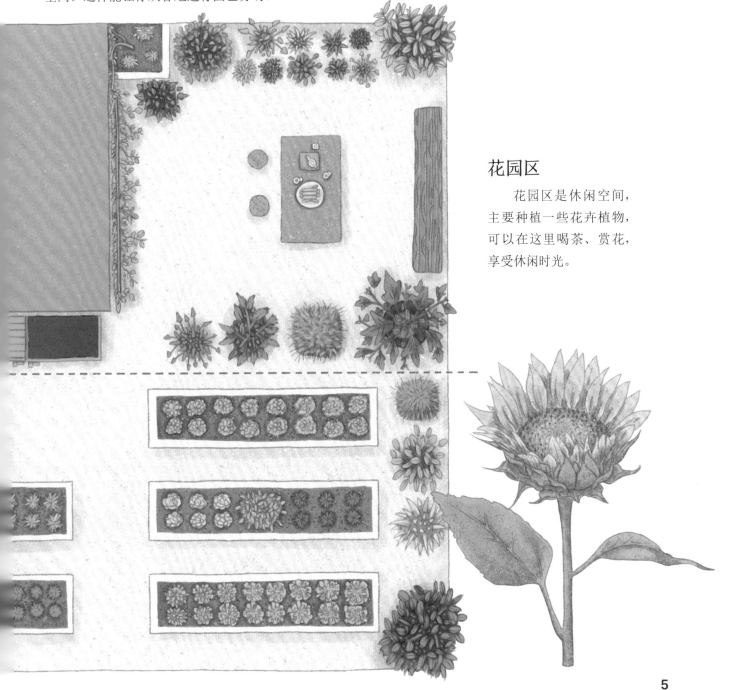

花园区

花园区是休闲空间，主要种植一些花卉植物，可以在这里喝茶、赏花，享受休闲时光。

划分区域前先简单观察楼顶一天的光照情况，了解到每个区域的光照时长。受到四周建筑物遮挡的区域，光照强度可能会有所影响，但这些被遮挡的地方也有它的优点，既可以作为育苗繁殖的地方，也可以放置不耐晒的植物。虽然大多数植物都喜阳，但楼顶种植大多使用盆栽，夏天全日照区域气温非常高，如果浇水不及时容易出现植物晒死的情况，这时有遮挡的地方反而是不错的位置。

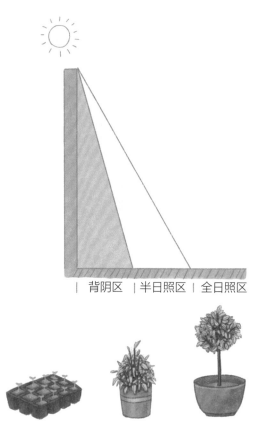

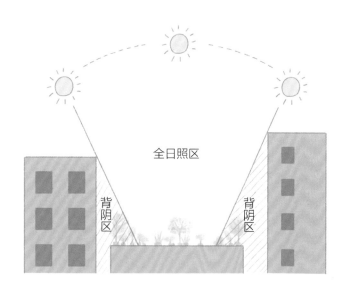

耐热耐晒的花卉

在开阔的楼顶，大部分位置都是全日照区，光照条件非常好，而在高温地区，太阳曝晒反而是不利条件，很多植物如月季等都不能适应，要打造花墙就更难了。这些地方就要选择种植能耐曝晒的花卉。

三角梅　　　　　　　　　　蓝雪花　　　　　　　　　　蒜香藤

园艺工具

　　种植、修剪、喷洒、浇灌都需要用到不同的工具，其中有一些是园艺生活中必不可少的、使用频次较高的工具，可选择品质好的，能使用更长时间。我们可以根据种植空间、植物大小来选择合适的工具。

松土叉　　　三齿耙　　　园艺铲

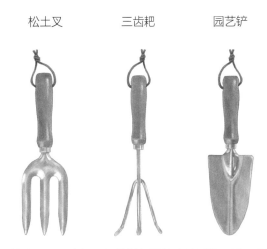

　　松土叉、三齿耙、园艺铲是最基础的园艺工具，可以应付大多数日常种植工作。如果种植空间与种植的植物都较大，那么可以选择铁锹等工具。

枝剪

剪刀

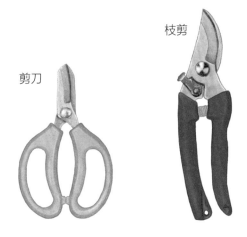

　　修枝剪可以修剪较硬的木质化的枝条，是植物修剪造型的主要工具。剪刀用于蔬果的采摘，绳子和细软枝条的修剪。

洒水壶

喷水壶

喷壶

　　在园艺劳作中给植物浇水是最常做的工作，浇水工具的使用频率会很高，所以选择合适的工具尤为重要。可以根据植物的数量选择浇水工具，主要有洒水壶、喷壶、浇灌水管等。

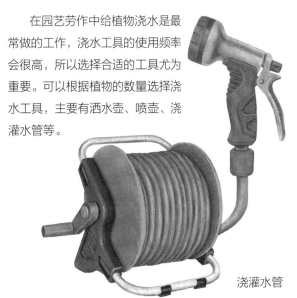

浇灌水管

　　喷壶的种类很多，可以根据植物的数量来选择喷壶的容量。常推荐的是喷头可以自由活动的喷壶，可以轻松喷洒植物叶片的背面。

还有很多不是必备的园艺工具，但可以改善园艺劳作和植物生长的条件，其中一些可以用其他工具替代，可根据实际需要选择。

分类标签

（标记区分播种品种和植物种类）

园艺扎带

（绑扎、固定植物枝条）

嫁接刀

（植物嫁接的短刃刀）

育苗盒

（有保湿作用，促进种子发育）

遮阳网

（降低光照强度，防止植物晒伤）

挖洞器

（播种挖洞工具）

蔓夹

（夹在支撑杆上固定植物而又不伤植物）

防虫袋

（有效防止瓜果受到虫害）

起苗器

（起苗和挖草的工具）

种植容器选择

　　初步规划种植空间后，接下来就是种植容器的选择了。种植容器各式各样，到底要如何选择呢？我们可以按照不同的种植需求来选择不同的容器。

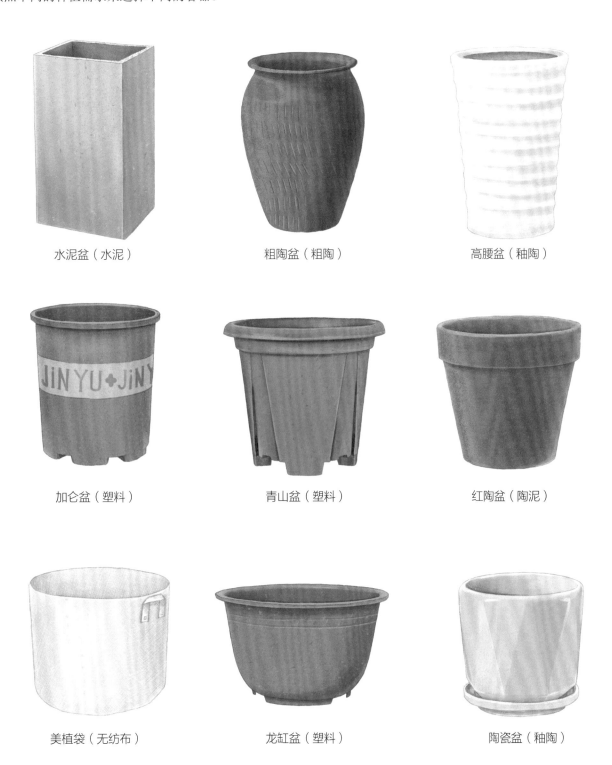

水泥盆（水泥）　　　　　粗陶盆（粗陶）　　　　　高腰盆（釉陶）

加仑盆（塑料）　　　　　青山盆（塑料）　　　　　红陶盆（陶泥）

美植袋（无纺布）　　　　龙缸盆（塑料）　　　　　陶瓷盆（釉陶）

花盆的种类繁多，其中最常见、应用最多的是塑料盆和陶盆，而塑料盆和陶盆又分为几类。首先说塑料盆，塑料盆的价格相对便宜，不易破损，在种植中被大量应用。加仑盆和青山盆是比较流行的两种塑料花盆。加仑盆是以加仑为单位来计算大小的花盆。青山盆由日本的青山松夫所设计，是种植效果不错的塑料花盆。在选购时判断一款塑料花盆的种植性能可以看它底部的排水设计。塑料花盆盆壁不透气，如果盆底的排水性能不好，会导致盆土湿度过高，极易造成植物烂根死亡。好的塑料盆一般都会采用拱底设计，这样可以让盆底离地以增强排水性和透气性。如果你使用的塑料花盆排水性不好，可以自己改造一下，在盆壁上开一些孔洞，也会有不错的效果。

塑料盆底部拱起能增加透气和排水效果。

接着说陶盆，常见的有红陶盆、粗陶盆、陶瓷盆（釉面）等，陶盆的盆壁很透气，就算底部排水孔较少，水分也能从盆壁慢慢排出，不容易出现积水闷根。其中红陶盆颜值高，种植效果较好，它的经典款式也被称作"国际盆"，广受种植爱好者喜爱。而陶瓷盆因为上了釉，导致盆壁丧失了透气性，加上底部排水孔本来就小，种植效果并不好。特别是高腰陶瓷盆，因为土层厚，往往土表看起来干了，其实底部泥土还很潮湿。浇水过多，导致底部盆土很难干透，极易造成烂根。使用陶瓷盆时应该在底部垫一层陶粒以抬高土层，水分可以迅速排走，这样能大大改善种植效果。除了高腰盆外，大肚盆也要注意，这种盆的外形虽然美观却难换盆。在种植需要换盆的多年生植物时尽量不要使用这种造型的花盆。它更适合种植一些一年生植物，可以不用考虑植物长大后换盆的问题。

陶盆盆壁可以渗出水分，透气性良好。

一般花盆可以轻松脱出泥土，在不伤害根系的情况下换盆。

大肚陶盆中的泥土难以脱出，换盆比一般花盆困难。

花盆为什么讲究排水性和透气性呢？

　　盆栽和地栽不同，地栽时水分可以无限下渗，不容易积水闷根，土壤里还有大量土壤生物平衡土壤环境。而盆栽时如果花盆排水性和透气性不好，水分就会积在盆中，导致植物根部无法呼吸，从而出现沤根。

地栽时水分可以下渗，不容易积水。

 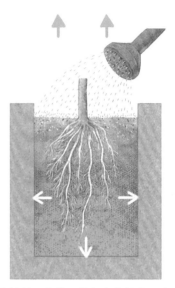

种植容器不透气、排水性差，水分只能在土表蒸发，容易造成土壤表面干而里面非常潮湿，出现闷根。

如何使用高腰盆？

1.底部垫一层碎石。高腰釉陶盆壁不透气，土层深，极易造成闷根。

2.碎石上铺一层陶粒。

3.再在上面铺泥土即可。

盆底铺上碎石，把土壤抬高，积水能迅速排走。可用陶粒层作为过渡，避免泥土落到碎石缝隙中。

中小号花盆适合种植一些草本花卉，大号花盆可以种植木本花卉或者果树，矮宽的种植槽很适合种植蔬菜。市面上售卖的种植槽也有很多种，有塑料的和木制的。塑料组装型的种植槽使用方便，可根据种植空间自由组合。木制的种植槽外形美观，质感很好。但是它们的使用年限都较短，比较好的方法是采用水泥砖块搭建。我采用的是一种叫"加气砖"的建筑材料。它的尺寸适中，砖体透气，质量轻，是非常合适的搭建材料。

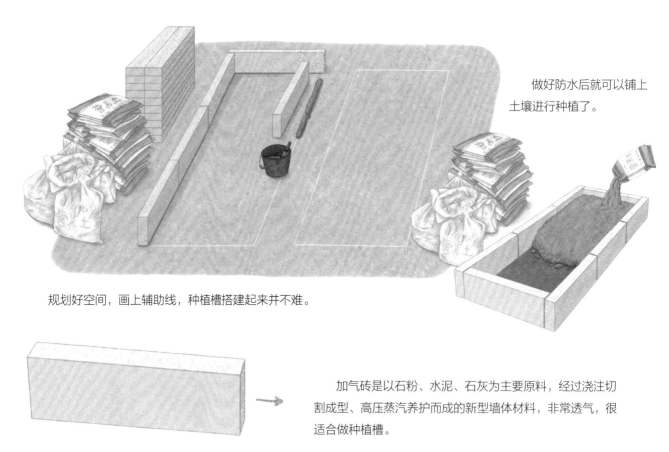

做好防水后就可以铺上土壤进行种植了。

规划好空间，画上辅助线，种植槽搭建起来并不难。

加气砖是以石粉、水泥、石灰为主要原料，经过浇注切割成型、高压蒸汽养护而成的新型墙体材料，非常透气，很适合做种植槽。

先在地面画出大概位置，再用水泥固定加气砖，固定时可用绳子拉一条辅助线，就算是新手也可以搭建出笔直的种植槽。种植槽四周可留出适当的空间用作排水。

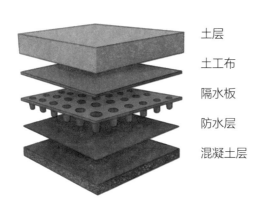

土层

土工布

隔水板

防水层

混凝土层

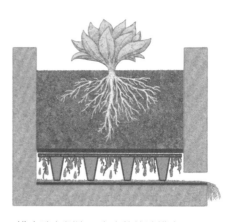

排水孔在侧边，水也能快速排走。

如果你的种植空间并不适合搭建种植槽，那么可以采用高架种植，一些大棚农场也采用这种种植方法。高架种植的种植槽采用金属管和种植网搭建，组装与拆卸都比较方便，不会影响到建筑结构。具体的安装方法是：将种植网裁成适合尺寸，四周边缘反折缝起来，做出一个圈，然后将金属管穿过去。再用压顶簧连接固定，填上土壤就可以种植了。这种高架透水性和透气性都非常好，所以土壤干燥的速度比一般的容器要快，可以搭配滴灌浇水系统使用。

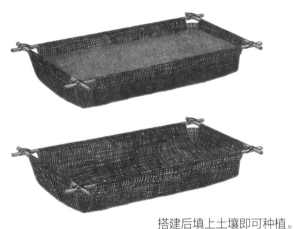

搭建后填上土壤即可种植。

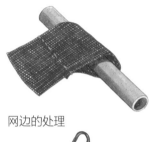

网边的处理

金属管用压顶簧连接。

可以根据不同需要组建出不同尺寸的种植槽。高的方形槽适合种植一些株型较大的植物。

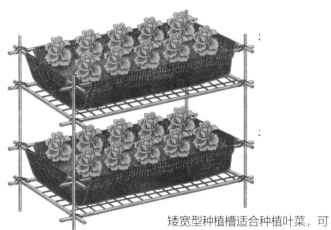

矮宽型种植槽适合种植叶菜，可以搭建组合进行多层种植，更有效地利用空间。

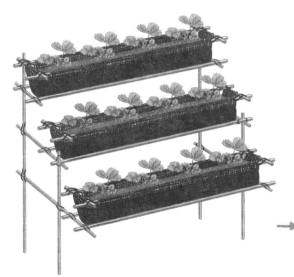

条形种植槽适合种植草莓，这样果实可以挂在边上，实现果土分离。

什么是土壤?

在给种植槽填土之前先了解土壤。土壤由土壤母质（矿物质）、有机质、溶液、空气组成。

母质是土壤的基础组成物质，它由岩石风化而成，土壤呈现不同的颜色是因为岩石中的矿物质含量不同。红色土壤里赤铁矿含量较高，黄色土壤里褐铁矿含量较高。

有机质是土壤中各种动植物残体等在土壤生物的作用下形成的物质，它是植物在土壤中生成所需养分的重要来源，也是调节土壤的重要物质。

理想土壤成分的构成

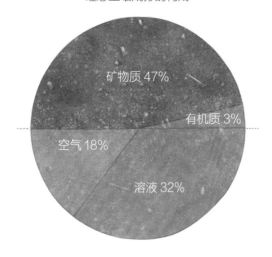

矿物质 47%

有机质 3%

空气 18%

溶液 32%

土壤中大约一半是矿物质和有机质，一半是溶液和空气。

一般而言，适合种植的土壤空气含量都很高，所以种植前要做土壤改良（配土），这样根系才能在土壤中进行呼吸作用，植物才长得好。配土时讲究"疏松透气"，就是利用粗颗粒物来增加土壤中的空隙，提高土壤的空气含量。在使用粗颗粒配土时不用局限于珍珠岩、陶粒等园艺材料，只要是能起到增加空隙作用又方便取得的材料都可以。

有机质的生物循环

植物

残根落叶 —— 微生物分解 —→ **植物养料**

腐殖化
微生物分解合成

矿化
微生物分解

腐殖质

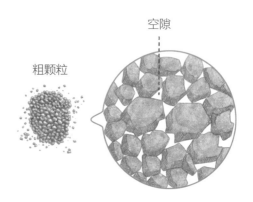

空隙

粗颗粒

在我国，除了东北地区，其他大部分地区的土壤有机质含量为 0.5%~2%。采用普通泥土种植，肥力很有限，但在配土时可以加入。一是普通泥土容易获取，可以减低配土成本；二是它含有大量矿物质和微量元素，这样植物在生长过程中不容易出现缺素症，从而降低容器种植的管理难度。

种植介质选择

　　天台种植时选择合适的种植介质非常重要，它要求土壤有更好的透气性。常见的种植介质有椰糠、椰壳、泥炭、珍珠岩、蛭石、腐殖土、园土、有机肥等。不同的种植介质可以互相搭配出不同的"配方土"，它们的管理方法也不一样。

　　那么具体要怎么搭配呢？可以参考一句话：粗细颗粒，可成团，不粘黏。意思是粗颗粒与细颗粒介质要互相搭配，不要都用细颗粒介质，也不能全用粗颗粒介质。要有较好的透气性但也不能丧失包裹性。搭配出来的介质状态是用手抓一把可以握成团，但不会黏实，轻轻抖动就会散开。细颗粒包裹性好但透气性比较弱，加入粗颗粒可以增加土壤空隙，增强透气性。而如果粗颗粒过多，土壤中的空隙空间太大，缺少对根部的包裹性，水分流失过快易导致湿度不够，植物根部就会暴露在土壤空隙的空气中而影响植物的生长，土壤保肥性也会变差。

椰糠或其他植物纤维
可以增加蓬松度。

有机肥增加土壤肥力。

粗沙或其他粗颗粒物
增加透气性。

　　园艺中最常见的是椰糠、椰壳、珍珠岩这样的搭配，但很多人用这种配方种不好植物，其实主要是管理方法不对。这种粗细颗粒搭配没有问题，但是椰糠里基本不含养分和各种矿物元素，所以在管理中一定要搭配水溶肥和缓释肥使用，植物才能健康生长。

椰糠是园艺种植常用的种植介质。

以椰糠为主搭配的种植介质，要搭配缓释肥和
水溶肥种植。

缓释肥、水溶肥和复合肥有什么不同?

　　椰糠介质为什么要搭配园艺缓释肥和水溶肥,不单用农用复合肥呢?这是因为椰糠介质不像泥土一样含有矿物质和各种微量元素,它本身不含有促进植物生长的各种元素,而农用复合肥主要补充氮、磷、钾,如果只使用农用复合肥容易导致植物缺乏一些微量元素从而出现缺素症。园艺缓释肥和水溶肥除了含有氮、磷、钾三大元素外,还有植物所需的其他微量元素,能较均衡地给植物提供养分。而复合肥如果搭配着微量元素肥一起使用也有不错的效果,但对于园艺新手来说,缓释肥和水溶肥就像一个"套餐",使用起来最简单。

兰花

　　在椰糠的配土中适量加入一部分田园土可以增加矿物质和微量元素,改善介质的团粒结构,也能增加介质质量,在种植植株高的植物时起到压盆的作用。而兰花等肉质根植物对根部透气性要求更高,不能用田园土,可采用松树皮、粗椰糠等材料来种植。种植介质要根据所种植物来搭配。

　　以下对三种比较常见的土壤进行对比,观察它们在浇水干透后的状态。

　　黄土,是常见的泥土之一,基本上绿化带种植使用的都是这种土壤。其中的小石头、小颗粒很多,浇水后土壤会变得坚硬,种植效果不太好。

　　塘泥,是由从鱼塘里挖出来的淤泥形成的,所含养分很多,有人喜欢用塘泥来种花,但是这种土质地很硬,基本没有透气性。

　　配方土,是用多种种植介质混合而成。配方土是利用多种材料的特性搭配,疏松透气,种植效果较好。

椰糠

椰糠是由椰子外皮与硬壳中间的纤维部分制作而成。椰糠质量轻，方便运输，疏松透气，还有不错的保水性，是非常好的种植材料。但用作种植材料的话，要先进行水洗，因为椰糠是由椰壳纤维打碎而成，含有一定的盐分，盐分过高对大部分植物来说都是致命的。我们购买的椰糠一般会经过脱盐处理，但可能有一部分残留，有一些耐受性比较强的植物问题不大，耐受性弱的植物就会出现僵苗，半死不活。所以我们在使用椰糠时一定要清洗其中的盐分。具体的清洗操作方法是，先把椰糠砖放在编织袋里面泡发，再把整个编织袋放到水中浸泡，一天换一次水，这样泡 2~3 天盐分含量就降低了。

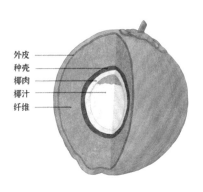

外皮
种壳
椰肉
椰汁
纤维

椰糠压缩成椰糠砖，需泡发后使用。

椰糠的清洗方法

1. 准备要泡发的椰糠砖。

2. 将椰糠砖放入编织袋中。编织袋要求透水但不漏椰糠纤维。

3. 把整个编织袋放在大容器中用水泡发。

4. 泡发的椰糠在容器中继续浸泡 3 天，每天换水。

5. 经过长时间换水浸泡，清洗掉盐分的椰糠即可使用。

脱盐椰糠种植测试

用没有经过清洗的椰糠和脱盐椰糠分别种同一种植物，观察它们是否有区别。经过测试，两者在前 20 多天的时间里并没有明显区别，但随着种植天数的增加植物也发生了变化。用脱盐椰糠种植的植物叶子明显比没清洗的椰糠种植的植物叶子更绿，用没有清洗的椰糠种植还出现了植物枯死的现象。所以，在采用椰糠种植时一定要做好清洗，清除椰糠的盐分。

用 3 种椰糠种上同一种植物，1 号植物使用没有清洗的椰糠，2 号和 3 号植物使用脱盐椰糠。

经过 5 天生长，3 盆植物没有明显差别。

8 天后 3 盆植物长势基本相同。

13 天后 1 号植物叶子比 2、3 号植物稍黄但不明显。

18 天后 1 号植物叶子慢慢变黄，3 号植物长势最好。

23 天后 1 号植物中的一棵出现干枯。

25 天后 1 号植物干枯。

27 天后 1 号植物完全死亡。

土壤改良

作为种植介质的椰糠未经清洗，可能影响植物的生长，那为什么不直接采用泥土种植呢？泥土的使用成本更低，保水性、保肥性好，矿物元素丰富。但是，泥土有机质含量少，质量大，不易搬运到楼顶，加上盆栽对种植介质的透气性要求更高，所以通常在采用泥土种植时需要加以改良，才能达到较好的种植效果。一般泥土的黏性高，改良的方法是加入河沙或珍珠岩等颗粒材料降低黏性，然后加入椰糠或者稻壳、腐叶等植物材料改善疏松状态，再加入有机肥提高肥力，经过这样改良的泥土就是很好的种植介质。使用泥土加河沙、椰糠与珍珠岩搭配还有一个原因，椰糠本身会慢慢分解，使得盆土慢慢变少，单纯使用椰糠则要不断加入新的椰糠维持盆土量。而泥土和河沙不会分解消失，作为盆土的基质不会慢慢变少。

营养土真有营养吗？

我们在购买种植介质时，经常会看到号称"营养土"的种植介质。其实这些营养土也不一定很有"营养"。购买时要查看具体的搭配材料。可能有些是劣质产品，甚至达不到最基本的疏松透气的要求。

	产品名称	家用种植型营养土
	酸碱范围	pH 值 6.0~6.5
	包装规格	15 kg / 袋（常温下 15% 以内含水率）
	主要配方	木屑、黑土、细椰糠、珍珠岩

土层深度

土层深度是否足够，要根据所种植的植物来判断。种植蔬菜的土层在 10~20 cm 即可，一般的叶菜根系都比较浅，如果土层深度不够，或者植株冠幅可以长到很大，种植间隔可以适当加大。种植果树的土层为 25~60 cm 即可，有人认为树木冠幅长得有多高根系就有多深，其实树木根系的生长深度并没有那么深，几十米高的树的根系也就 2~3 m，而且大部分根系都在 1.5 m 以上。因为泥土深处缺少养分和空气，并不适合根系生长。在盆栽的情况下，只要定时施肥及补充土壤养分，浅土层也可以种植果树。

种植蔬菜，土层为 10~20 cm。

如果土层深度不够，种植间隔可以适当加大。

种植果树，土层为 25~60 cm。

搭建防虫种植棚

在家庭环境中种植蔬菜非常有收获感，不仅可以体验种植乐趣，还能收获美味的蔬菜，但是虫害成了一个难题，而种植棚可以有效减少虫害的发生。

搭建种植棚常用的材料是角铁。角铁组装方便，可以根据实际的种植空间调整大小，用螺丝连接，不需要其他大型工具就能自行安装，是在不改动建筑的情况下搭建种植棚较好的方法。角铁有多种尺寸，要增加稳定性最好选择厚尺寸。把框架搭建出来后铺上防虫网，角铁上有螺丝孔，防虫网用铁丝或者捆扎带绑在角铁框架上，防虫种植棚就基本完成了。在预留出入口的位置，可以采用类似门帘的方式用防虫网做一道门方便出入。种植棚的高度根据自己的身高加20 cm左右即可，这样在进入时不用低头弯腰，也不会影响防虫种植棚的稳定性，方便日常种植管理。

搭出框架。

铺上防虫网。

设置出入口。

在不打孔的情况下，角铁是很好的搭建材料，只需用螺丝固定，搭建简单。

出入口的设置。

棚高比自己约高20 cm。

如果不想搭建大型种植棚或者场地不允许，可以采用小型防虫架。小型防虫架可以根据实际种植空间通过调整形状与大小来搭建。搭建材料可以采用更加轻便的塑料管。

盆栽简易棚

用玻璃纤维搭建简易棚。

第二章

开始种植

用高大的树木作后景，树下可以种植不耐晒的植物。

用藤本植物作后景，花墙同时可以遮挡墙壁。

灌木花卉作中景。

底下种植耐阴的蕨类和矮生植物作前景。

植物搭配与布局

在开始种植前应先了解适合当地气候的植物种类和播种季节，选择合适的植物来种植会事半功倍。把植物种在不适合的气候地区是很难种好的，也会大大增加管理难度。像一些植物公园，在种植一些其他气候地区的植物时，往往需要建大型玻璃种植房，严格控制环境条件，这在家庭种植环境中是比较难实现的。所以选择植物时一定要结合环境条件。

利用盆的高低搭配出层次感。

利用植物生长高低特性搭配出层次感。

蔬菜的生长周期较短，一般按照播种季节划分，但是不同地区季节气温也有很大的变化。可以把蔬菜分为三类：喜热型、喜寒型和耐寒型，再按照当地季节气温选择合适的种植时间。

喜热型蔬菜（不经霜）

长得比较慢的喜热型蔬菜，要在春季初霜冻结束，天气转暖、气温稳定后栽种。有的可能要在初霜冻结束前先在温室里育苗，以保证有足够长的时间成熟。至于长得快的喜热型蔬菜，如空心菜、苋菜等，则可以从春季一直种到夏末秋初。

西红柿　茄子　青椒　花生　四季豆　西瓜　苦瓜

毛豆　南瓜　丝瓜　空心菜　玉米　黄瓜　芋头

喜寒型蔬菜（不耐热）

在没有霜的地区，秋季和冬季都可以种喜寒型蔬菜。有霜的地区，要在夏末秋初种，以保证在降霜前成熟。在寒冷地区，春季也可以栽种，不过需要先在温室里育苗，再移栽到户外。成熟得早的喜寒型蔬菜，如樱桃小萝卜、小白菜、上海青、生菜等，不管是南方还是北方，春季都可以栽种。

大白菜　萝卜　芥菜　卷心菜　花菜　香菜　小白菜

土豆　生菜　胡萝卜　芹菜　菠菜　上海青　洋葱

耐寒型蔬菜（可过冬）

耐寒型蔬菜在幼苗期非常耐寒，但需要温暖的天气才能长大成熟。一般在初霜冻前栽种，以长出幼苗后过冬。在寒冷的冬天，幼苗并不会被冻死，但几乎停止生长，来年开春天气转暖后，会继续生长。

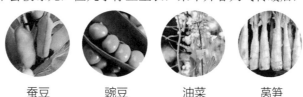

蚕豆　豌豆　油菜　莴笋

有的蔬菜在春季和秋季都可以播种，因为其适应性较好或者生长周期短。有些亚热带地区四季变化并不明显，很多蔬菜可以多季播种。

种子介绍

　　种子是植物繁殖的主要方式之一，很多植物种子在生活中能轻易获得。在日常食用的蔬果中，如南瓜、豌豆等都可以很容易地在果实中取到种子。但是不建议使用这些种子来种植，因为大规模商业种植的蔬果很多都是采用杂交品种，而杂交的种子可能遗传性状不稳定，导致所种的植物不结果或者果实品质变差。

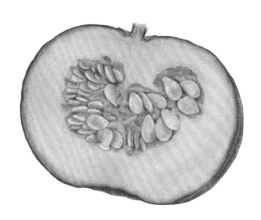

豌豆种子　　　　　　　　　　　　　　　南瓜种子

　　在买种子的时候，经常看到包装上写有 F1 等字样，其实这是遗传学中的符号。F1 代表杂交或者自交的子一代，F2 代表杂交或者自交的子二代，F3、F4 如此类推，它们都可以表示杂交或者自交的后代。可自留种的品种，经过多代种植，遗传性状稳定，在包装上一般不会标记是第几代种子。包装上有 F1 字样的种子大多是杂交种子，而杂交种子不适宜自留种。因为 F1 杂交种子由两个或以上的品种杂交而来，从 F1 留下的种子 F2 很有可能遗传性状不稳定从而产生性状分离，种植表现没有 F1 好，结出的果实有可能单一像杂交的父本或母本，也可能会跟 F1 的表现完全不一样，甚至不结果。所以在选择种子的时候要留意种子的属性，老品种可以自留种，不用重复购买种子，而杂交品种往往种植表现会更好。

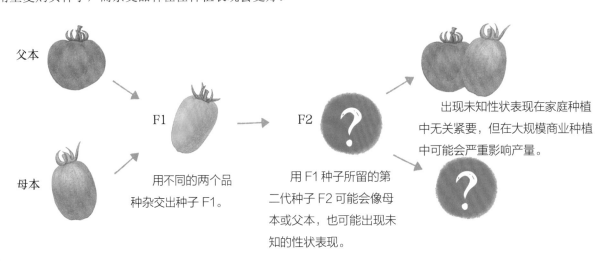

父本

母本

F1　用不同的两个品种杂交出种子 F1。

F2 ?　用 F1 种子所留的第二代种子 F2 可能会像母本或父本，也可能出现未知的性状表现。

出现未知性状表现在家庭种植中无关紧要，但在大规模商业种植中可能会严重影响产量。

?

播种方式

播种方式一般有 3 种：撒播、条播和点播。

撒播是在整理好的土面撒上种子，再铺上泥土，轻轻覆盖种子即可。这种方式简单便捷，但是后期需要根据种苗疏密来间苗，适用于小型叶菜的种植，也可以作为粗放的育苗方法，待种子发芽后再移栽。

条播是用工具挖出条形种植沟，再在沟中播下适量种子，这样植物可生长成整齐的一排。菠菜、小青菜等小型叶菜都适用这种方法。

点播是在土面上按照一定的株距挖出种植孔再播种。这种方法适合需要一定株距空间来生长的植物，如玉米、萝卜、花生等。点播时在每个孔中播 3~5 粒种子，以保证种子发芽率，出苗后可根据长势留下一棵。

在家庭种植中，我们往往会种植一些不常见的品种。因为种子数量有限，所以可以采用更精细的管理方法，用穴盆播种，等芽长到一定大小后再移栽到大盆，这样就不用间苗和浪费种子，可保证存活率。

撒播的种子发芽后苗会很密集，适当拔除长势弱的苗，让其他苗有足够空间生长。

点播时为了保证发芽率，通常会多播几颗种子在同一个位置，这种情况等种子发芽后也要间苗，拔除弱苗。

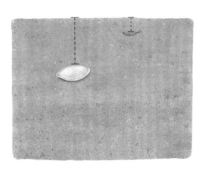

种子的播种深度通常可以根据种子大小来判断，小种子可以用撒播，大种子用点播。

大种子自身养分多，有足够养分长出地面。小种子如果埋得太深，有可能在长出地面之前就死掉。

播种深度

有一些种子采用"撒播"，有些采用"点播"，这是为什么呢？种子发芽需要合适的外部条件，主要包括水分、温度、空气和光照。光照是关键，可能有人说种子发芽不需要光照，确实，种子可以在无光的环境中发芽，但是种子发芽后需要光照来维持生长，而一般细小的种子由于养分储存少，不足以支撑胚芽在较厚的土壤中生长出来进行光合作用，发芽前植物就已经"饿"死了，这些种子适合采用撒播，用薄薄的土壤覆盖即可。而有一些种子恰恰相反，埋在土壤中的比撒在表面的长得更好，这是因为种子本身储存的养分比较多，足够支撑胚芽从较厚的土壤中生长出来。而种子埋土种植也有好处，在阳光下土壤中比表面更湿润、更容易得到水分，种子会生长迅速。播种时应该考虑种子的大小，以及对光线的需求，从而决定种子的埋土深度。

种子的发芽过程

育苗方法

在播种前，可先用水浸泡种子，让种子充分吸收水分以恢复到饱满的状态，促使种子发芽。种子发芽有 3 个基本条件：氧气、水分和温度。一般买到的种子是晒干的，如果不提前浸泡，而泥土又不能长时间保持湿润，种子吸收不到足够水分，会影响发芽。想提高播种成功率，可以先促芽再播种。促芽的方法很简单：①用清水浸泡种子以恢复饱满。②把浸泡后的种子放到纸巾上。③用喷壶给纸巾和种子喷水。④喷水后把种子放到容器中，及时补水，保持湿润。⑤ 3~5 天后种子会发芽，等种子冒出小白根时就可以播种到泥土中。种子出芽后要及时播种，越晚播种越不利于成活。

成功促芽的种子，播种成活率都很高，可以采用穴盆种植，一穴一种，避免种子浪费。等种子在穴盆中长成小苗就可以移栽定植了。

有一些种子如生菜、白菜等比较容易发芽的可以直接播种，但有一些发芽困难、种壳较硬的种子，不仅需要提前浸泡，还要把种壳轻轻敲开，方便种子发芽。

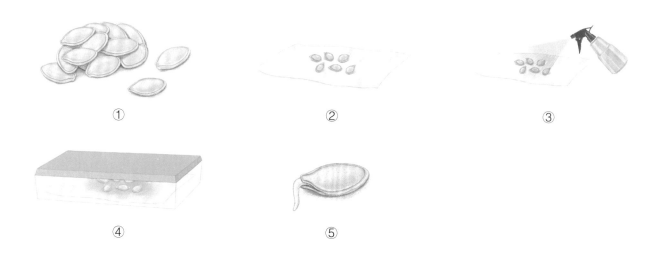

① ② ③

④ ⑤

番茄自留种子

在种一些自己喜欢的蔬果品种时可以自己留种，这样不用重复购买种子。常见的豆类和瓜类蔬菜留种相对简单，像荷兰豆、四季豆等很容易分离出种子。瓜类像南瓜、苦瓜等只要成熟度足够也很容易取出种子。而番茄不一样，它的种子外面被一层果冻一样的物质包裹，种子表面会有一些细毛跟这些物质紧密连接，通过晒干或水洗很难从中分离出干净的种子。那为什么要把种子处理干净呢？其实这一层物质对种子的发芽影响不大，像一个番茄自然掉落在泥土上，不经处理种子也能很好地发芽。清理掉这一层物质是为了更好地储存，让其不易发霉变质。这里介绍一个处理番茄种子的方法，对于那些难以从果肉中干净分离出来的种子也适用。

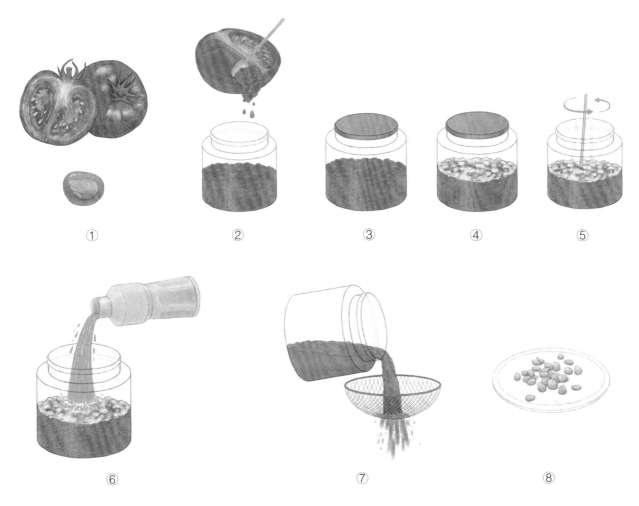

①挑选成熟健康的番茄。②把里面的种子全部取出来，放到一个有盖的容器里面。最好是透明容器，这样会更容易观察到种子的变化。③盖上盖子但不密封，将其放到一个没有阳光直射且温暖的地方。④放置几天后种子表面会长出一层霉菌，这个过程可以使种子和果浆分离，也会让种子的抵抗力增强。⑤整个发酵的过程为2~3天，可每天搅拌一次直到表面长出一层霉菌或者种子沉淀在底部，这时取出种子，以防时间太长种子在发酵的容器里发芽。⑥取出种子的时候先去除霉菌层，向容器中倒入水以稀释里面的混合物。⑦用滤网过滤种子并彻底清洗。可以随机抽取几颗种子做发芽测试，确保发芽率。⑧将种子晒干并密封保存。

番茄

栽培日程

	1	2	3	4	5	6	7	8	9	10	11	12
一般地区												
寒冷地区												
温暖地区												

(茄科)原产地：南美洲　　　　　● 种植　● 收获

光照需求　　阴暗　　　　　　　　　　　全日照

盆容量选择参考

10加仑　7加仑　5加仑　3加仑　2加仑　1加仑

种植难度　　简单　　一般　　较难　　困难

番茄即西红柿，是茄科番茄属的一年生或多年生草本植物。番茄原产南美洲，果实营养丰富，在家庭种植中非常受欢迎，它不仅可以作蔬菜也可以作水果。其中一些自留品种，风味独特，但由于果实不耐运输，没有被商业种植，市面上基本买不到。那么通过家庭种植就可以品尝到不同番茄的美味。

番茄是一种喜温性植物，在正常条件下，生长适宜温度为 20 ℃ ~25 ℃，土壤湿度为 60%~80%、空气湿度为 45%~50% 较合适。番茄对土壤条件要求不太严苛，但比较怕涝，在多雨天气注意排涝，土壤酸碱度以 pH 值 6~7 为宜。

番茄可分为有限生长型和无限生长型，有限生长型就是番茄植株达到一定高度后不再长高，株型较小。如矮生番茄，适合小盆栽种。如果种植空间不大可选择此类番茄品种。

无限生长型就是番茄植株会不断生长，植株可以长得非常大，只要长势足够好，环境条件合适，可以一直开花结果。两者的种植和管理方式会有所不同，无限生长型番茄要定期修剪，控制长势，而有限生长型番茄过多修剪反而会影响总体的结果量。

现在我们种植的番茄很多都是无限生长型，也就是说如果番茄长势足够好就能够无限结果，可是在实际种植中番茄到中后期就会长势不足，越往上长果越小、品质越差，所以尽量不要放任番茄无限生长，可在结出一定果穗后进行打顶以控制顶端优势，促进果实的膨大。

无限生长型番茄要修剪侧芽，修剪出的芽可以扦插繁殖。

无限生长型

有限生长型

育苗

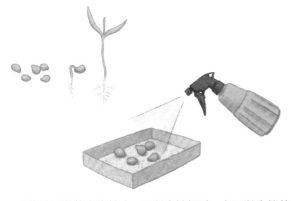

番茄种子发芽率比较高，可以直接播种，也可以先催芽。

移栽

番茄发芽后先小盆育苗，长到 10~20 cm 再移栽到大盆中。

移栽时注意不要埋得太深，与盆土持平即可。

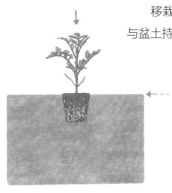

如果在一个大容器中种植多棵，一定要注意间隔 30 cm 以上，番茄植株能长得很大，种植太密反而会影响生长。

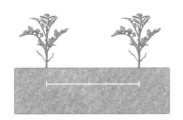

修剪

无限生长型番茄需要修剪分枝，适当控制枝叶长势，才能更好地开花结果。

授粉

番茄不用人工授粉也能有不错的结果率，在家庭环境中种植时，在结果率不佳的情况下可以人工授粉。

雌蕊
雄蕊

振动花朵，使雌蕊和雄蕊接触即可完成授粉。

在结果期间可以适当补充肥料，促进果实生长。

辣椒

栽培日程

	1	2	3	4	5	6	7	8	9	10	11	12
一般地区				种植	种植	收获	收获	收获	收获	收获		
寒冷地区					种植	种植	收获	收获	收获	收获		
温暖地区			种植	种植	收获	收获	收获	收获	收获	收获		

● 种植　● 收获

（茄科）原产地：中南美洲

光照需求　阴暗　▮ 全日照

盆容量选择参考

10加仑　7加仑　5加仑　3加仑　2加仑　1加仑

种植难度　简单　一般　较难　困难

　　一年生或多年生草本植物。辣椒原产于中南美洲热带地区。后来哥伦布把辣椒带回欧洲，由此以后辣椒又传播到世界其他地方。

　　辣椒发芽对温度要求比较高，适宜温度20℃~35℃，低于15℃则不能发芽。所以可以先泡种，人工加温催芽，等种子发芽后再播种。幼苗在温度低时，会生长缓慢。催芽播种后一般5~8天出土，15天左右出现第一片真叶。辣椒生长适宜的温度为15℃~34℃。需要良好的光照才能开花结果。相对来说耐热、怕涝，喜欢比较干爽的空气条件。对水的要求较严格，在种植过程中不能多浇水。在温暖地区可以越冬，在家庭种植中可以作为多年生植物来栽培，虽然随着植株的老化没有那么丰产，但可以省去重新播种的麻烦。

育苗

　　用水浸泡种子1~3小时后，放在纸巾上喷湿后用密封袋包起来。

　　辣椒属于耐高温蔬菜，发芽温度要求在20℃~35℃。

　　可以放在路由器等常开电器上面保温催芽，待种子发芽后种到育苗盆中。

移栽

　　育苗盆栽种长出6~7片真叶时即可移栽定植，不要埋得过深，与原土持平。

　　在盆底部加入颗粒排水层与底肥。

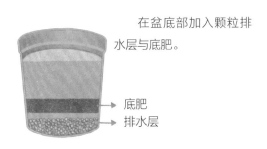

底肥
排水层

32

如果是在同一个容器内种植多棵间隔在60cm。

整枝

第一个分叉结的果叫门椒，摘掉门椒保证前期苗的生长，可以提高产量。

在开花的位置以下把所有的腋芽摘除。

追肥

整枝后追加肥料。

竖立支撑杆，以免果实膨大后压倒辣椒苗。

用八字捆绑法，不会勒伤苗。

采收

结果很多时，及时采收嫩果，控制果内种子发育，可以持续收获更多辣椒。

辣椒与菜椒种在一起时有可能会让菜椒变辣，建议分开种植。

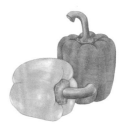

丝瓜

栽培日程

	1	2	3	4	5	6	7	8	9	10	11	12
一般地区												
寒冷地区												
温暖地区												

○ 种植　● 收获

（葫芦科）

光照需求　阴暗　　　　　　　　　　全日照

盆容量选择参考

10加仑　7加仑　5加仑　3加仑　2加仑　1加仑

种植难度　简单　　一般　　较难　　困难

　　丝瓜，葫芦科一年生攀缘藤本植物；茎稍粗壮，有明显的棱角，卷须粗壮，花果期在夏、秋两季，果嫩时作菜蔬，成熟后果实内部会生成网状纤维而无法食用。丝瓜植株可以长到很大，需要足够的空间攀爬，在家庭种植时要有足够的盆土，采用尽量大的种植容器更有利于丝瓜生长，一棵即可爬满一整个架子。对土壤要求不高，是比较容易种植的蔬菜，但需要长日照才能结果实，阳台或半阴环境并不适合种植。家庭环境中可以进行人工授粉，提高结果率。挂果后可进行套袋，避免果蝇虫害，被果蝇叮过的瓜会变畸形和有苦味。

移栽

小苗长出一两片真叶时，即可移栽定植。

丝瓜藤蔓可以长很长，所需空间大，可以采用大花盆或者种植箱栽种。

育苗

用水浸泡种子3小时，再进行催芽，等种子露白即可播种。

搭架

采用容量更大的种植箱种植效果会更好，同时方便搭建攀爬架。

种植密度要控制在 40 cm 以上，最好一个盆一棵苗。

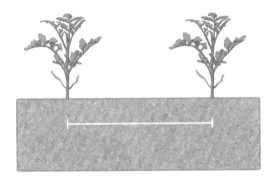

浇水

丝瓜藤蔓长、叶片多，喜光照，水分蒸发量大，容易缺水，要及时浇水。

追肥

移栽后半个月第一次追肥，在植株两边埋肥。

出现病虫害时要及时喷药治理，害虫经常隐藏在叶片背面，要把叶片正反面都喷到。

授粉

在结果率不高的情况下可以进行人工授粉，授粉时摘除雄花花瓣，用花蕊轻轻涂抹雌花花蕊。

套袋

果蝇是很多瓜果的主要虫害，会在瓜果中产卵，被蝇虫叮咬的丝瓜会有苦味，给瓜果套上网袋可防止果蝇叮咬。

萝卜

栽培日程

	1	2	3	4	5	6	7	8	9	10	11	12
一般地区												
寒冷地区												
温暖地区												

● 种植　● 收获

（十字花科）原产地：地中海沿岸

光照需求　阴暗　　　　　　　　　　　全日照

盆容量选择参考

10加仑　7加仑　5加仑　3加仑　2加仑　1加仑

种植难度　简单　　一般　　较难　　困难

　　萝卜，十字花科萝卜属二年或一年生草本植物，外形为长圆形、球形或圆锥形，外皮呈绿色、白色或红色，茎有分枝，无毛，稍有粉霜。总状花序顶生及腋生，花为白色或粉红色。在气候条件适宜的地区四季均可种植，多数地区以秋季栽培为主，是秋、冬季的主要蔬菜之一。萝卜为半耐寒性蔬菜，种子在 2 ℃ ~3 ℃ 便能发芽，生长适宜温度为 20 ℃ ~25 ℃。幼苗期能耐 25℃ 左右的温度，也能耐 -3 ℃ ~-2 ℃ 的低温。茎叶生长的适宜温度为 5 ℃ ~25℃。当温度低于 -1 ℃ 时，根会受冻。

育苗

　　用水浸泡种子 3 小时，再进行催芽，等种子露白即可播种。

播种　　如采用点播，要注意间苗。

去除弱苗

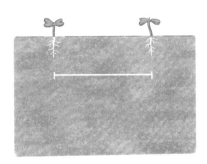

如果在一个大容器中种植多棵萝卜，间隔为 20~30 cm。

深度

为了保证萝卜能垂直生长，种植土壤深度在 30 cm 以上。

可以选择矮容器种植樱桃萝卜，浅土层也能种植。

如果土壤深处有硬物阻挡，会影响萝卜外观。

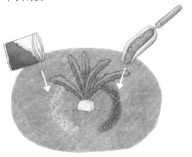

萝卜膨大期可在植株周围施肥。

虫害

蚜虫、菜青虫等虫害虽然危害不到根茎部，但是会啃食叶片，影响植株生长，发现后应及时喷药。

注意叶片背面也要喷洒。

浇水

在生长过程中如果土壤过于干燥，萝卜会有苦味，所以浇水要足够，不能让其干旱着生长。

缺水或者过迟采收都会使萝卜空心化和纤维增加，影响口感。

培土

萝卜根茎如果大部分裸露在土壤外可以进行培土，用土堆到根的顶部。

四棱豆

栽培日程

	1	2	3	4	5	6	7	8	9	10	11	12
一般地区				▬	▬		▬	▬	▬			
寒冷地区					▬			▬	▬			
温暖地区			▬	▬		▬	▬	▬	▬			

● 种植　● 收获

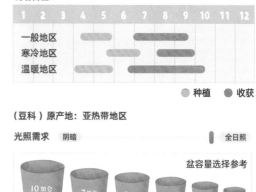

（豆科）原产地：亚热带地区

光照需求　阴暗　　　　　　　　　全日照

盆容量选择参考

10加仑　7加仑　5加仑　3加仑　2加仑　1加仑

种植难度　简单　　一般　　较难　　困难

四棱豆，豆科四棱豆属一年生或多年生攀缘草本植物。茎长可达3m或更长，小叶片卵状三角形，先端急尖或渐尖，基部截平或圆形；总状花序腋生，浅蓝色；荚果为四棱状，呈黄绿色或绿色，边缘有锯齿；10—11月结果。

四棱豆的嫩叶、嫩荚、种子都可以作蔬菜，种子富含蛋白质，块根也可以食用，是一种非常值得种植的蔬菜。

四棱豆生长时要求较高的温度，但适应性较广。其生长的适宜温度一般为20℃~25℃。四棱豆属于喜阳植物，在家庭环境中种植需要选取光照充足的位置，半阴环境会引起茎叶徒长导致不能开花结荚。对土壤要求不高，适应性比较强，但在黏重土壤或板结土壤中生长不良，在深厚肥沃的沙壤土中栽培能获得嫩荚。

育苗

用水浸泡种子3小时，再进行催芽，等种子露白即可播种。

用育苗穴盆进行播种。

小容器干湿循环快，有利于植物生根。

在长出两三片真叶时即可移栽到小盆中。

移栽

土覆盖深度与原土保持一致。

长到 15~25 cm 再移栽到大容器中定植。

四棱豆根系发达，选择大容器更有利于其生长。

追肥

四棱豆藤蔓生长迅速，除了土壤中添加底肥外，可以每 10 天左右用一次水溶肥。

在温暖地区可以把藤蔓剪掉过冬，根茎来年能重新发芽生长。

食用

嫩叶

四棱豆的嫩叶、豆荚、种子、根茎都可以食用。

豆荚、种子

根茎

膨大的根茎含有大量淀粉。

四棱豆要及时采摘食用，长老了豆荚会纤维化，失去食用价值。

生菜

栽培日程

	1	2	3	4	5	6	7	8	9	10	11	12
一般地区					●	●			●		●	
寒冷地区			●		●		●			●	●	
温暖地区	●		●	●						●	●	

● 种植　● 收获

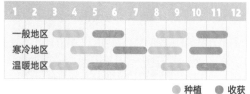

（菊科）原产地：地中海沿海

光照需求　阴暗 ————————— 全日照

盆容量选择参考

10加仑　7加仑　5加仑　3加仑　2加仑　1加仑　▲

种植难度　简单　一般　较难　困难

育苗

用水浸泡种子 2 小时，催芽，等种子露白即可播种。

生菜种子细小，可以不进行催芽，浸泡后直接在穴盆播种。

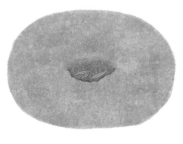

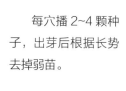

每穴播 2~4 颗种子，出芽后根据长势去掉弱苗。

　　生菜，叶用莴苣的俗称，菊科莴苣属一年生或二年生草本植物，可生食、用作沙拉等，脆嫩爽口。

　　生菜原产欧洲地中海沿岸，由野生种驯化而来。它传入中国的历史较悠久，在我国各地广泛种植。

　　生菜喜冷凉环境，既不耐寒，又不耐热，生长适宜温度为 15℃~20℃，生育期 90~100 天。种子较耐低温，在 4℃时即可发芽。发芽适宜温度为 18℃~22℃，高于 30℃时几乎不发芽。植株生长期间，喜欢冷凉气候，以 15℃~20℃最适宜生长，此时产量高，品质优。气温持续高于 25℃，生长较差，叶质粗老，略有苦味。土壤 pH 值以 5.8~6.6 为宜。

　　生菜根据叶的生长形态可分为结球生菜、皱叶生菜和直立生菜。生菜品种多，大部分没有被大规模商业种植，很多品种适合家庭种植。

移栽

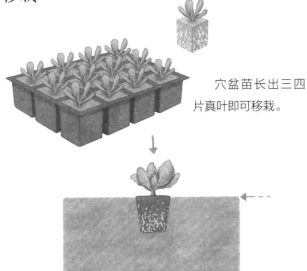

穴盆苗长出三四片真叶即可移栽。

移栽覆盖土层高度与原土持平。

定植

生菜根系较浅，用 10~15 cm 浅盆也可栽种。

如果在大容器中种植，植株间隔 15~20 cm。

追肥

生菜生长周期短，生长一个月左右就可以开始采摘，肥料需求以氮肥为主，适量追肥 1~2 次即可。

浇水

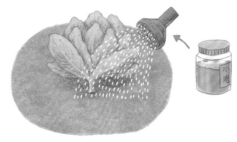

水分不足时生菜会有苦味、提早衰老、抽花剑，想要生菜脆爽，需浇水充足。

采收

采收时可以整株收割，也可以只采摘一部分菜叶，让它继续生长，延长采收期。

西瓜

栽培日程

	1	2	3	4	5	6	7	8	9	10	11	12
一般地区					●	●		●	●			
寒冷地区						●			●			
温暖地区			●	●			●	●				

● 种植　● 收获

（葫芦科）原产地：南非

光照需求　阴暗 ▮▮▮▮▮▮▮ 全日照

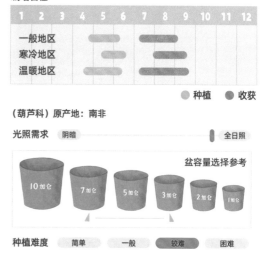

盆容量选择参考

10加仑　7加仑　5加仑　3加仑　2加仑　1加仑

种植难度　简单　一般　较难　困难

西瓜是一年生蔓生藤本植物。雌雄同株。雌、雄花均单生于叶腋。雄花花梗长 3~4 cm，花果期为夏季。我国各地均有栽培，品种很多，外果皮、果肉及种子形式多样。西瓜是最受欢迎的夏季水果之一，一般大果品种采用趴地种植，小果品种采用吊蔓种植。很多小果品种非常适合家庭种植，还有很多可自留种的稀少品种，收集它们也是一种乐趣。

西瓜喜温暖、干燥的气候，不耐寒，生长发育的最适温度为 24℃ ~30℃，根系生长发育的适宜温度为 30℃ ~32℃。在生长发育过程中需要较大的昼夜温差。耐旱、不耐湿，阴雨天多、湿度过大时，易感病。喜光照，生育期长，需要大量养分。随着植株的生长，需肥量逐渐增加，到果实旺盛生长时，达到最大值。种植土壤以土质疏松、土层深厚、排水良好的弱酸性沙质土为最佳。

育苗

用水浸泡种子 3 小时，催芽，等种子露白即可播种。

定植

用育苗钵栽种到长出两三片真叶即可移栽定植。

选择大容器更有利于西瓜的生长。

42

基肥

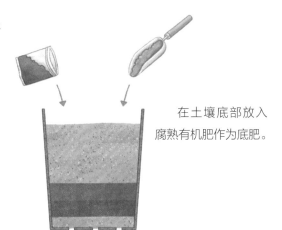

在土壤底部放入腐熟有机肥作为底肥。

西瓜藤蔓可以长很长，如果在同一个容器种植多棵，需间隔 30 cm 以上。

株型

西瓜可以趴地种植，也可以吊蔓种植。家庭种植建议采用吊蔓形式。

在坐果后进行追肥，让西瓜快速膨大。

授粉

雄花　　　雌花

如果缺乏昆虫授粉，西瓜的自然挂果率不高，需要人工授粉。

摘除雄花花瓣，用花蕊轻轻涂抹雌花花蕊。

控长

用力把瓜蔓捏扁，但不要掐断。

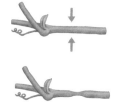

如果瓜苗生长过于茂盛，可以通过捏蔓来控制瓜蔓生长过旺的情况。

在长出六七片叶后开始留第一个瓜，之前的瓜都剔除，保证有足够叶片帮助生长。

西瓜比较耐旱，注意控水。过多浇水会降低瓜的甜度。

甜瓜

栽培日程

	1	2	3	4	5	6	7	8	9	10	11	12
一般地区				▬	▬		▬	▬	▬			
寒冷地区					▬	▬		▬	▬			
温暖地区			▬	▬		▬	▬	▬				

● 种植　● 收获

（葫芦科）原产地：非洲

光照需求　阴暗 ▬ 全日照

盆容量选择参考

10加仑　7加仑　5加仑　3加仑　2加仑　1加仑

种植难度　简单　一般　较难　困难

育苗

用水浸泡种子 3 小时，催芽，等种子露白即可播种。

移栽

用育苗钵栽种长出两三片真叶即可移栽定植。

选择大容器更有利于甜瓜的生长。

种植

甜瓜不仅可以趴地种植也可以吊蔓种植，在家庭环境中建议采用吊蔓种植。

甜瓜又称香瓜，是葫芦科一年生蔓性草本植物。甜瓜一般可分为薄皮甜瓜和厚皮甜瓜，薄皮甜瓜属中小果型品种，可以采用吊蔓种植，厚皮甜瓜属中大果型品种，多采用趴地种植。家庭种植可以选择小果型品种。甜瓜有非常多可自留品种，就是平常说的"传家宝"品种。不同品种风味上有很大区别，可以分为脆肉型和软肉型。脆肉型清香脆爽，软肉型香气浓郁，通常软肉型会有"后熟"表现，采摘后放置几天，香味会更浓郁，甜度更高。

甜瓜最适宜种植在土层深厚、通透性好、pH 值 5.5~8.0、不易积水的沙质土壤中。过酸或过碱的土壤都需改良后再进行栽培。喜光照，每天需 10~12 小时光照来维持正常的生长发育。暖棚栽培时尽量使用透明度高、不挂水珠的塑料薄膜和玻璃。喜温、耐热、极不抗寒。种子发芽温度为 15℃~37℃，早春露地播种应稳定在 15℃以上，以免烂种。植株生长温度以 25℃~30℃为宜，在 14℃~45℃内均可生长。开花适宜温度为 25℃，果实成熟适宜温度为 30℃。昼夜温差对甜瓜的品质影响很大。昼夜温差大，有利于糖分的积累和果实品质的提高。

留瓜

甜瓜的雌花很多，不要过早留瓜，要及时摘除多余的子蔓。

在瓜蔓长出十几片叶子时，图示中的1~6片叶子处可以留四五个瓜，作为第一茬瓜。

在子蔓长出第一朵雌花后剪断子蔓，留一片叶、一个瓜。

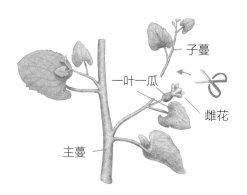

子蔓
一叶一瓜
雌花
主蔓

授粉

雄花

雌花

如果缺乏昆虫授粉，甜瓜的自然挂果率不高，需要人工授粉。

摘除雄花花瓣，用花蕊轻轻涂抹雌花花蕊。

追肥

甜瓜挂果数量多，需肥量大，每隔15~20天追肥一次，膨果期可以配合喷施叶面肥。

第二茬

在第一茬瓜的基础上，主蔓再长六七片叶后可以开始留第二茬瓜。

第一茬

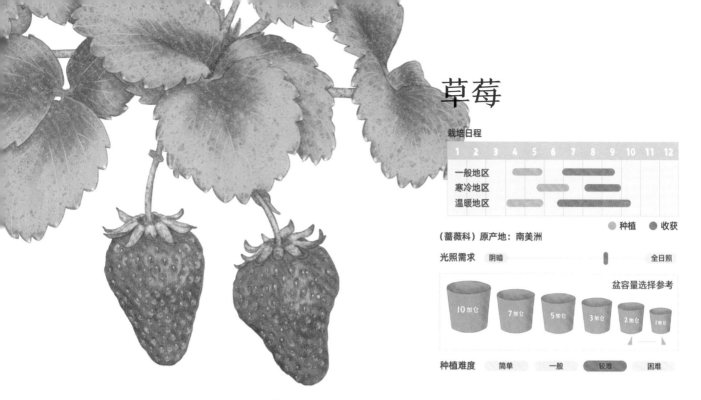

草莓

栽培日程

	1	2	3	4	5	6	7	8	9	10	11	12
一般地区												
寒冷地区												
温暖地区												

● 种植　● 收获

（蔷薇科）原产地：南美洲

光照需求　阴暗　━━━━━━━━━━━━━　全日照

盆容量选择参考

10加仑　7加仑　5加仑　3加仑　2加仑　1加仑

种植难度　简单　一般　较难　困难

育苗

草莓果实表面的种子可以用来种出小苗，但为了保证品质，建议直接购买种苗。

移栽

用育苗钵栽种长出 3~4 片真叶即可移栽定植。定植时覆盖土层高度跟原土保持一致。

如果是裸根种苗，覆土不要埋住芽心，遵循"浅不露根，深不埋心"的原则。

草莓是多年生草本植物，植株小，小盆也可以栽种，非常适合家庭小规模种植。喜温凉气候，根系生长温度为 5℃ ~30℃，适宜温度为 15℃ ~22℃，茎叶生长适宜温度为 20℃ ~30℃，芽在 -15℃ ~-10℃ 时会发生冻害，花芽分化期温度须保持在 5℃ ~15℃，开花结果适宜温度为 4℃ ~40℃。越夏时，气温高于 30℃ 并且日照强时，需采取遮阴措施。

草莓为喜光植物，但又有较强的耐阴性。光照强时植株矮壮、果小、色深、品质好；中等光照时果大、色淡、含糖低，采收期较长；光照过弱不利于草莓生长，甚至导致其无法结果。

草莓根系分布浅、蒸腾量大，对水分要求严格，但不同生长期对水分的要求稍有不同。不耐涝，在保证水分供给的同时不要浇水过多，要求土壤有良好通透性。宜生长于肥沃、疏松的中性或微酸性土壤中，过于黏重土壤不宜栽培。

草莓是家庭园艺爱好者最喜爱种植的水果之一，它甜酸的口感和高颜值都俘获不少人的心。

留花

苗长出 4~5 片叶子时即可开始留花结果。

浇水

草莓喜湿而怕涝，根系浅，叶面蒸腾大，干燥的环境不利于草莓生长，但出现积水就容易烂根，所以要控制好浇水频次，小水勤浇。

分株

草莓苗在根茎部长出分株时，要及时剪除分株芽。

光照

草莓喜光不耐晒，有一定的耐阴性，但开花结果需要足够的光照，花芽分化期要求 10~12 小时日照和较低的温度。

分株从根茎部剪开，可以利用分株芽进行繁殖。

在膨果期追肥，可在植株周围浅埋肥料。

在结果 1~2 年后，草莓植株会慢慢衰弱，可以利用匍匐茎繁殖新苗，重新栽种。

火龙果

（仙人掌科）原产地：中美洲

| 光照需求 | 阴暗 | | 全日照 |

盆容量选择参考

18加仑（以上）　15加仑　12加仑　10加仑　7加仑　5加仑

| 种植难度 | 简单 | 一般 | 较难 | 困难 |

火龙果是仙人掌科量天尺属多年生肉质灌木。植株无主根，侧根大量分布在浅表土层，同时有很多气生根，可攀缘生长。火龙果喜光耐阴、耐热耐旱、喜肥耐瘠。在温暖湿润、光线充足的环境下生长迅速，春夏季露地栽培时应多浇水，使其根系保持旺盛生长状态，在阴雨连绵天气应及时排水，以免感染病菌造成茎肉腐烂。怕寒，肉质茎容易冻伤，生长的适宜温度为 25℃~35℃。可适应多种土壤，但以含腐殖质多、保水保肥的中性土壤和弱酸性土壤为佳。

火龙果是比较容易栽种的水果，病虫害少，生命力顽强。很多人都会在院子、楼顶种植，是非常受欢迎的水果。火龙果具有攀缘性，气生根可以攀爬在墙壁上生长，其茎贴在岩石上也可生长。在家庭环境可以采用盆栽树形种植，以有效利用种植空间。

火龙果是非常适合庭院种植的水果，因为它病虫害少，耐旱耐晒，基本种下就能活，是低维护就能结出美味果实的植物。

育苗

火龙果用种子播种时间长，可以直接用枝条扦插繁殖，比种子播种成活率更稳定。

盆栽树形

家庭种植火龙果可以把它培育成盆栽树形，节省空间，易于管理。

用环形支架固定在盆中间。

在枝条长到支架高度时去除顶端。

枝条会长出多个分枝。

把多次结果老化的枝条修剪掉，新枝条取代结果枝。

不断重复去除新枝条顶端优势，促进更多分枝生长。

雄蕊

雌蕊

火龙果花会在夜间开放。

青枣

（鼠李科）

光照需求	阴暗		全日照

盆容量选择参考

18加仑（以上）　15加仑　12加仑　10加仑　7加仑　5加仑

种植难度	简单	一般	较难	困难

青枣也叫滇刺枣，果实营养丰富，脆甜可口，含有大量维生素C、钙、磷、维生素B、胡萝卜素等，有"维生素丸"之称。

青枣属小乔木果树，对温度适应性强，能耐35℃的高温，也耐-10℃的低温，适于热带、亚热带地区种植，在温带地区也能生长；在热带、亚热带地区种植为常绿果树，在温带地区种植为落叶果树。青枣要求有充足的光照才能结果良好，因此要选光照充足的位置进行种植。在盆栽的情况下，结果量非常大，挂果期需要追施大量肥料以促进生长，也可以适当疏果，保证果实品质。

疏花

盆栽青枣在开花时可以适当疏花，减少果实数量以促进果实个头变大。

购苗

尽量选择原土原钵的果苗，可以最大限度提高移栽成活率。

修剪

青枣是新枝开花，每年都进行一次重剪，把所有枝条都剪掉。枝条木质密度不高，生长快速，下一年会重新长出结果枝。

柠檬

（芸香科）

光照需求　阴暗　　　　　　　　全日照

盆容量选择参考

18加仑（以上）　15加仑　12加仑　10加仑　7加仑　5加仑

种植难度　简单　一般　较难　困难

柠檬为芸香科柑橘属植物，又称柠果、洋柠檬、益母果等。小乔木，枝少刺或近于无刺。柠檬中含有丰富的柠檬酸，因此被誉为"柠檬酸仓库"。果实汁多肉脆，有浓郁的芳香气。因为味道特酸，只能作为调味料。此外，柠檬富含维生素 C，能化痰止咳，生津健胃。

柠檬性喜温暖，耐阴，不耐寒，也怕热，因此，适宜在冬暖夏凉的亚热带地区栽培。柠檬适宜生长的年平均气温为 18℃。适宜土壤 pH 值为 5.5~7.0。植株生长较快，需肥量较大，一年能多次抽梢、开花、结果，常因管理不同而产量差异较大。

盆栽果树的土壤用量大，可以用园土加入有机肥、椰糠、河沙等材料加以改良，能达到很好的种植效果。

园土 70%

改良材料 30%

柠檬种子

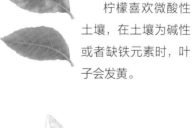

柠檬喜欢微酸性土壤，在土壤为碱性或者缺铁元素时，叶子会发黄。

柠檬自然生长的枝条长，分枝少，需要修剪增加分枝生长。

柠檬花

无花果

（桑科）原产地：土耳其

光照需求　阴暗　　　　　　　　　　　全日照

盆容量选择参考

18加仑（以上）　15加仑　12加仑　10加仑　7加仑　5加仑

种植难度　简单　　一般　　较难　　困难

无花果是桑科榕属落叶灌木或小乔木，我国南北方均有栽培。对土壤条件要求不严格，在典型的灰壤土、多石灰的沙漠性沙质土、潮湿的亚热带酸性红壤以及冲积性黏壤土中都能正常生长，其中以保水性较好的沙壤土最适合。喜光，可全日照养护，有强大的根系，比较耐旱。不耐寒，冬季温度达 -12℃时新梢顶端就开始受冻；温度在 -20℃时，根茎以上的整个地上部分将受冻死亡。能耐较高的温度，适宜于比较温暖的气候，具体来说以年平均温度为 15℃、夏季平均最高温度为 20℃、冬季平均最低温度为 8℃较适宜。不耐涝，在滞水的情况下，很快就凋萎落叶，甚至死亡。

味甜，可鲜食或做果干蜜饯。完全成熟与没完全成熟的果实口感差异非常大，不能提前采摘。

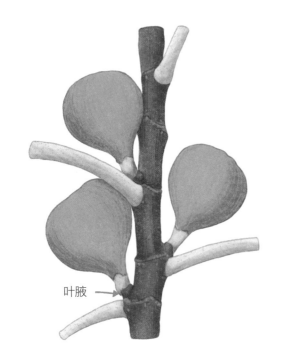

叶腋

无花果的果实结在叶腋上，一叶一果，结过果的枝条不能重复结果，所以需要通过修剪让无花果长新枝才会结果，枝条越多结果就越多。

无花果的品种和颜色多样。

无花果的"果"其实是它的花托，真正的花和种子藏在"果实"里面。

盆土

盆栽果树的土壤用量大，可以用园土加入有机肥、椰糠、河沙等材料加以改良进行种植。另外，园土质量能压盆，这样果树长高后不容易倾倒。

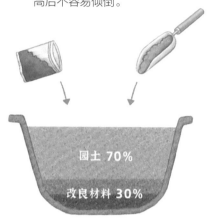

园土 70%

改良材料 30%

无花果成熟后糖分很多，招小昆虫，小鸟也喜欢啄食，果实要进行套袋保护。

果实采收完后要进行重剪，淘汰老枝，促进新枝结果。

追肥

由于盆土空间有限，想要果树结果多就要补充足够的肥料，但多了容易烧根，肥料可 10~15 天施加一次，要少量多次地施加。

修根

当果树根系长满花盆，出现僵苗又无法换更大的容器时，可以进行修根处理。

修剪一半根系，保留"护心土"。

填上新土重新种入盆中，覆土深度与原土持平。

黄皮

（芸香科）原产地：中国南部

光照需求　阴暗 ▭▬▬▬▬▬▬▬▬▬▬▬▬ ▮ 全日照

盆容量选择参考

| 18加仑（以上） | 15加仑 | 12加仑 | 10加仑 | 7加仑 | 5加仑 |

种植难度　简单　**一般**　较难　困难

　　黄皮又称黄皮果、毛黄皮、果子黄等，为芸香科黄皮属常绿小乔木。黄皮的果实中含有多种人体所需的微量元素及丰富的氨基酸。黄皮树非常耐热耐晒，病虫害少，不用怎样打理就能长得不错。对土壤要求不高，喜阳，多长于山坡、荒地及疏林之中。不要在半阴的环境种植，光照不足会导致不结果。

　　黄皮味道偏酸，很多人不太喜欢吃，其实有一些改良品种非常甜，如"白糖黄皮"，就像它的名字一样跟糖一样甜，想吃甜黄皮的非常推荐种植这个品种。还有果味浓郁的品种"鸡心黄皮"，果型大，口感偏酸甜，黄皮果味浓郁。

黄皮种子发芽率很高，可以用种子播种，但种子实生苗会丢失品种特性。

直接购买嫁接苗比较方便。

果树如不结果，可以尝试通过环割促花结果。

当果树长满盆时可以进行修根，同时因为损失一部分根，所以要配合枝条修剪一起进行，以减少叶片蒸腾。

芒果

（漆树科）原产地：印度

光照需求　阴暗　　　　　　　　　　　　全日照

盆容量选择参考

18加仑（以上）　15加仑　12加仑　10加仑　7加仑　5加仑

种植难度　简单　　一般　　较难　　困难

　　芒果是一种漆树科常绿大乔木，果实含有糖、蛋白质、粗纤维，以及丰富的维生素。芒果食用方法多样，可制果汁、果酱、罐头、酸辣泡菜及蜜饯等。

　　芒果性喜温暖，不耐寒霜。最适生长温度为25℃~30℃，低于20℃生长缓慢，低于10℃叶片、花序会停止生长，近成熟的果实会受寒害。芒果生长的有效温度为18℃~35℃，枝梢生长的适宜温度为24℃~29℃，坐果和幼果生长需高于20℃的日均温。

　　芒果是一种比较大型的树木，一般大型树木在盆栽的情况下不容易结果，所以要选择尽量大的容器种植，定期施肥，要在合适的环境温度中养护并给予充足的光照，这样结果量还是可观的。

芒果种子

幼苗自分枝性不高，通过顶端修剪可增加枝条数量。

芒果如不结果，可以尝试通过环割促花结果。

芒果属于大型果树，尽量选择大的容器种植更有利于它的生长。

第三章

种植管理

果树修剪

修剪对盆栽果树来说，是非常必要的管理。基于盆土空间有限，要把果树植株控制在一定大小才能更好地结出果实，不然植株过大，在蒸腾作用下，盆土不能像地栽一样稳定地提供足够的水分，这使得果树很容易缺水，管理难度增加。修剪果树还有一个好处，即可以按照需要修剪出合适的树形，不同的树形可以适应不同的场景，修剪同时也是让植物冠幅快速丰满起来的主要手段。

小苗期间打顶摘心，快速丰满枝叶。

在果树长到一定大小或者采摘完果实后，可以重剪控制植株大小。

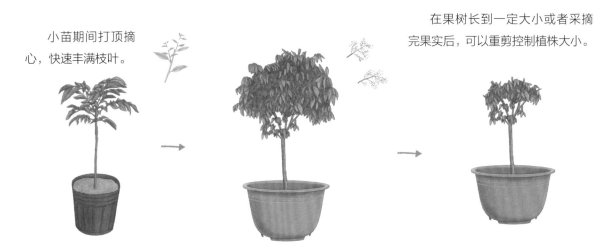

果树在小苗期间不要重剪，主要是打顶摘心，让它长出足够多的枝叶，使主杆快速粗壮，然后再修剪顶部，去除顶端优势，促进分枝生长。分枝长到一定程度后再次修剪，促进二级分枝，如此循环，植物的冠幅就能很快丰满起来，达到造型效果。

除了造型需要，根据果树的生长特性也可采用不同的修剪方法。盆栽果树的树形修剪有两个思路，一个是高杆型，另一个是分枝型。做高杆型树形的方法是：前期只留一根独杆，长到需要的高度后修剪顶部促进分枝，把冠幅养丰满即可。高杆树形可以搭配矮丛植物，高低错落，在有限的空间种植更多的植物。这种树形适合龙眼、黄皮、芒果等果树，它们都是新枝树梢开花结果，果树成型后修剪树冠即可。而像青枣、无花果、嘉宝果等更适合分枝型树形，因为果实都结在枝条上，枝条越多，理论上结果量就越多。其中青枣、无花果在每次采完果后更是要重度修剪，因为它们的旧枝无法二次结果，只有通过重度修剪旧枝，让新枝长出来，来年才会有好收成。分枝型树形需要在果苗初期就修剪，让植物在低位长出尽量多的分枝，保留其中长势强壮的，一般留3~5枝为佳，待分枝长到所需高度可再次修剪促进二级分枝，如此类推。日后重度修剪时可从一级分枝开始。

高杆型树形　　分枝型树形

不同树形组合搭配，可在有限空间种下更多植物。

顶端优势

顶端优势是植物的一个普遍特性,植物会优先生长最高点的枝叶,低于最高点的芽点会被压制,生长相对缓慢。当顶端的芽点被破坏,植物会在最高的叶腋处优先长出分枝芽。我们在植物造型中可以利用植物顶端优势的特性做出不同的树形和促进分枝。在种植管理中,除了修剪,还可以用压枝的方式去除顶端优势,如月季作鲜切花需要笔直修长的枝条,可以用压枝的方式促进笋芽的萌发,以长出笔直修长的枝条。

养分会优先供给最高位置的芽点生长,侧芽的长势会被压制甚至无法萌发。

枝条被压弯后,侧芽位置变成最高点,会取代被压低的顶芽,展现顶端优势。

修剪是破坏顶端优势,促进侧芽分枝生长。

1. 枝条有顶端优势,侧芽无法萌发。

2. 把顶端芽摘除,打破顶端优势。

3. 靠近顶端的腋芽萌发新枝条。

4. 新枝条重新"占领""顶端优势。

5. 待新枝条长到所需长度再次摘除顶端芽,打破顶端优势。

6. 侧芽再次萌发,如此循环操作,增加植物枝条数量。

盆栽修根

　　盆栽修根是盆景技巧。在盆景制作中，花盆的大小和盆土非常有限，往往需要修剪根系才能把相对大的植物种在有限的空间里，这样可以控制植物长势和植株大小。我们在盆栽果树时也可以运用这个技巧，当植物长到一定程度，由于盆土所限出现长势不佳、僵苗而又不能更换更大的花盆时就可以进行修根处理，把已经占满花盆的根系修剪掉一部分，腾出空间填上新土，能让植物重新焕发生机。要注意的是不能修根过多，要连带土壤保留根系中心部分（俗称"护心土"），这样能让植物快速服盆，提高成活率。如果根系修剪过重，没有保留足够"护心土"，容易导致植物缓苗时间长，甚至死亡。在修根的时候应该同时修剪枝叶，因为修剪根系后植物的根系吸水能力大大降低，如果枝条保持不变，蒸腾作用过快，会导致植物缺水死亡。同样，我们在新种小苗、枝条扦插和裸根移栽时，也需要修剪掉大部分枝叶，控制蒸腾作用，以提高成活率。

根系长满整个盆对长势有影响，可以进行修根。

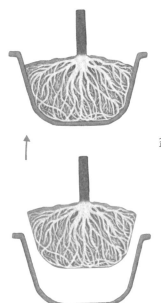

把整个根团从盆中脱出。

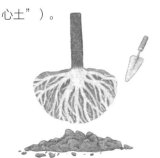

把土团连同根系一起修掉三分之二，保留中心部分（"护心土"）。

重新填土并种回盆中，不要埋太深，跟之前保持一致即可。

在修根的同时修剪枝叶，浇透水后放在有散射光的通风处养护。

繁殖方法

植物不同，繁殖方法也不同。常见的繁殖方法有播种、扦插、分株、空中压条等。播种是我们最熟知的植物繁殖方法。植物结果后不马上采摘，待果实完全成熟后取出种子，用种子播种就可以繁殖出下一代。有些植物的品种很难开花结果，或结不出种子或种子的遗传性状不稳定等，像一些无核的果树品种，种子已经退化，果实不能生长出正常的种子，这时就可以采用扦插、空中压条、嫁接等方法繁殖。其实大部分商业种植的果树品种都是通过嫁接繁殖的。扦插就是把植物的枝条剪下来插到基质中，枝条底部会慢慢长出根系，长成一棵新的植物。空中压条繁殖跟扦插的原理差不多，就是植物外皮被破坏，从而使形成层产生愈伤组织，愈伤组织生成新的根系，只是空中压条繁殖是直接在母株上进行，枝条长出根系后才剪断移栽，比扦插成功率更高。应该如何选择繁殖方法呢？如果想要保证成功率，可以采用空中压条法。如果繁殖数量较多，扦插的效率会更高，操作起来相对简单一些。其余常用的繁殖方法还有空中水插法、压枝法等。

空中压条　挑选合适的枝条环割剥皮其中一段。

用塑料布装一些土壤。

用土壤把伤口包扎紧，定时喷水保持土壤湿润。

长根后剪断枝条，解开包扎，移栽到盆中即可。

空中水插

用刀把枝条削开一段。

用塑料袋装满水，套紧在削口上。

长根后剪断枝条，解开包扎，移栽到盆中即可。

压枝

挑选合适的枝条环割剥皮其中一段。

把枝条压在盆土中，环割处理入土中。

长根后把枝条剪断即可。

扦插

扦插虽然没有空中压条繁殖稳定，但只要做好扦插的关键点就可大大提高插穗成活率。扦插失败的主要原因有两点，即繁殖基质和水分控制。当扦插的基质不透气或者含有有害菌，插穗容易被感染导致黑杆及腐烂。扦插基质不一定越肥沃越好，肥沃的土壤中有机质含量高，细菌也更多，往往选择不那么肥沃的疏松透气的基质反而会有不错的效果。水分控制对扦插来说是关键中的关键，这里的水分控制指的是环境湿度和基质水分含量的把握。插穗的吸水能力有限，如果环境湿度不够，就算插在湿润的基质上，也会经常出现插穗枝条缺水的情况。有的人用袋子把扦插好的枝条套起来，就是为了保持湿度，避免枝条干枯。扦插的基质要保持湿润状态，而疏松透气的基质保水性稍差，要保持平衡才能有较好的插穗成活率。插穗生根后就可以移栽。如果不能判断生根情况可以用透明容器扦插，方便观察。

成活率高又简单的扦插方法

1. 木质化枝条活性低，嫩枝容易缺水干枯，选择半木质化的新枝条较合适。

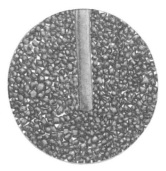

2. 把枝条剪成长度为 10~15 cm 的插穗，修剪叶子，每根插穗上只保留少量叶片，维持枝条生长。过多叶片会导致蒸腾过快，枝条容易干枯。

3. 采用蛭石或河沙作为扦插基质，颗粒之间有空隙，足够疏松透气，而且没有病菌。

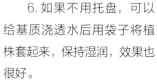

6. 如果不用托盘，可以给基质浇透水后用袋子将植株套起来，保持湿润，效果也很好。

4. 把插穗插到基质中，不要插入过深，大约在中间即可。

5. 把扦插好的盆放到托盘上，托盘倒入水，水量最好不要高于插穗切口。水分会被慢慢吸收上去，只要定期给托盘加水，基质就能一直保持湿润的状态而又不会导致不透气。

嫁接

嫁接是把一种植物的枝芽组织接到另一株植物上，经过愈合后组成新植株的技术。

嫁接除了在繁殖上运用，更多的是结合不同的品种优势，用于改良品种。如荔枝树 A 品种根系发达，长势旺盛，但果实品质不好。荔枝树 B 品种长势弱、抗病性差，而果实的品质好。这样就可以用荔枝树 B 品种嫁接到 A 品种上，得到一棵根系发达、果实品质好的荔枝树。在园艺花卉种植中，也会利用嫁接改变植物的造型，最常见的有月季嫁接、蟹爪兰嫁接等。如蟹爪兰枝条的直立性很差，把它嫁接到仙人掌上，就可以做出不同的树形。嫁接的技术运用非常广泛但也有局限性，它只适合于亲缘关系近的同类植物之间进行，亲缘关系越近，越容易成活。

嫁接的操作方法很多，只要明白其中原理，不管是什么样的接法都大同小异。嫁接砧木与接穗的形成层因为受伤而产生愈伤组织，双方的愈伤组织结合在一起生成新的输导组织，连通后进行养分输送，接穗得以发芽成活。所以嫁接的关键之一就是接穗与砧木的愈伤组织能否结合成功，而愈伤组织主要是由形成层细胞形成的，那么在操作中形成层的拼接对齐就尤为重要。嫁接技术需要实操练习，熟练掌握才能有更高的成功率。

T 形芽接

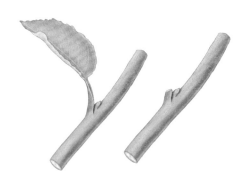 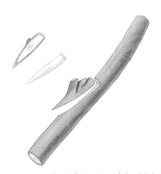 

1. 找到一段合适的枝条，去除叶子。

2. 用刀在接穗芽上（如图示）切割出芽点。去掉切割出的芽点木质部，只取芽点与韧皮部。

3. 在砧木上用刀划出 T 字形。

4. 用刀向两边小心撬开皮，不要破坏韧皮部组织。

5. 把接穗芽从上往下插入 T 形开口。

6. 接穗芽尽量贴合砧木。芽片上端与砧木横切口对齐。

7. 用嫁接带包扎好嫁接部位。如用可分解嫁接膜可把芽点包住，芽点可穿破嫁接膜生长。如用塑料嫁接膜则需露出芽点。

嵌芽接

1. 找到一段合适的枝条，去除叶子。

2. 用刀在接穗芽上（如图示）切割出芽片。

3. 在砧木上切出与芽片形状相似的切口。

4. 把芽片嵌入砧木切口内，如果不能完全对齐，至少一侧形成层要对齐。

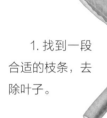

5. 用嫁接带包扎好嫁接部位。如用可分解嫁接膜可以把芽点包住，芽点可穿破嫁接膜生长。如用塑料嫁接膜则露出芽点。

切接

1. 找到一段合适的枝条，去除叶子。

2. 用刀在接穗枝上按照一个大斜面与一个小斜面组合切割出接穗。

形成层的位置

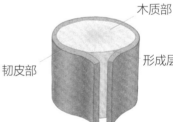

木质部

韧皮部

形成层

3. 在砧木上靠边切一刀，长度与接穗大斜面长度相近。

4. 接穗大斜面向内插入到砧木切口中对齐，如不能完全对齐，要一侧形成层对齐。

留白

5. 注意留白，不用插入过深。

6. 用嫁接带包扎嫁接部位。如用可分解嫁接膜可以把芽点包住，芽点可穿破嫁接膜生长。如用塑料嫁接带要露出芽点，以免芽点无法突破。

网购植物处理

换盆缓苗

现在可以非常方便地在网上买到在当地市场不容易看到的各种植物，网购逐渐成为我们选购植物的主要途径。但植物经过打包和快递运输，成活率大大降低，经常出现死亡或需要一段很长的缓苗期。那么要如何处理才能提高网购植物的成活率呢？网购植物一般有两种情况：首先，如果植物的盆土已经在运输途中被打散，根土分离，或者不是原盆原土，状态较差，这时应该直接给植物换上小盆，用疏松的粗颗粒土壤，浇透水放置在散射光通风处静养，像扦插苗一样管理。另外，要是植物原盆原土保留较好，不用马上换盆，直接放在散射光通风处静养，原盆原土缓一段时间，这样更有利于植物成活。

修剪

不管是新买的植物，还是裸根移栽的，都应该给植物做适当修剪，以提高植物成活率。如果根系受伤，吸水能力下降，负担不起原有叶子营养，就要适当修剪以控制植物的蒸腾作用，而且嫩枝更容易出现缺水萎蔫的状况，反而会成为负担。修剪后植物能更快地长出新芽。

防止病虫害

网购植物处理除了换盆缓苗和修剪外，还有一个容易被忽略的问题。小苗植株很可能会带有虫害，特别是螨虫，体积很小，早期不容易发现。所以新买的植物最好单独养护一段时间并喷洒药剂提前预防，以免感染其他植物造成损失。叶片背面是很多虫害藏身之处，要注意喷洒彻底。

移栽时适当修剪植物。

先给叶子正面喷洒药剂。

放倒植物，喷洒叶背。

拯救嫁接苗

如果购买的是裸根嫁接苗，可能会出现种下后接穗部分不长，而从砧木基部长出新芽的情况。这时苗很弱，要是摘除砧木芽，没有新叶支撑苗的生长，苗很有可能会死亡，所以可以保留砧木芽，用砧木芽的生长把植物根系养起来，保持植物活性。等砧木芽长到一定程度后打顶控制长势，再压枝处理去除枝条的顶端优势，植物就会在接穗上部重新长芽。接穗生长后就可以剪除砧木芽。

1. 接穗落叶变成光杆，基部长出砧木芽。

2. 保留砧木芽，待其长到一定高度后压低枝条。

3. 接穗长出新芽后剪除砧木芽。

植物搭配

在家庭种植中，植物的搭配可以分为空间搭配、色彩搭配、生长习性搭配。空间搭配可以遵循前中后的布景方式，搭配出错落有致的空间。前景种植一些矮生植物和喜欢半阴环境的植物，中景可以利用花架或高腰花盆提高植物高度来布置，还可以把植物打造成棒棒糖树形作中景，一些小型灌木花卉也非常适合作中景。后景种植一些多年生木本植物或者利用墙壁用藤本植物作花墙，营造茂密的背景。色彩搭配是利用不同花卉颜色的搭配。除了花色的搭配还可以利用彩叶植物丰富颜色。在光照不足的地方，一般花都开得不好，这就可以利用植物叶子颜色来做搭配。生长习性搭配经常被人忽视，但它对于植物生长非常重要，特别是在种植组合盆的时候，如果只考虑空间搭配和色彩搭配，把多种生长习性不同的植物种在一起，则难以管理，易造成植物死亡。如把多肉植物和苔藓植物种在一起，多肉植物喜阳、耐干旱，在高温潮湿的环境中极易死亡，而苔藓植物喜欢半阴潮湿，难以在干燥的环境中生长。把它们种在一起，养护上就会发生冲突，最终不管放在哪个位置，总有植物长不好甚至死亡。所以植物养护中要优先考虑生长习性的搭配。

另外，在植物搭配上要考虑植物未来生长所需空间，不要盲目堆砌植物，把所有地方都种得密密麻麻，往往最终成景都不太好。如打造月季花墙，从小苗开始到爬满墙壁，可能需要几年的时间，不能急躁地种上其他植物而把墙壁填满，抢占了月季的空间，反而导致月季生长更缓慢，达不到花墙效果。

树形的运用

植物造型

想要种出造型美观的花，需要对花进行修剪。不同场景造型需求不同，修剪思路也不尽相同。这里从基础的修剪讲起，了解花墙造型、矮丛造型、棒棒糖形的修剪思路。

棒棒糖形

很多人喜欢把各种植物都养成树状，我们把这种造型的植物叫作棒棒糖。为什么棒棒糖造型的植物会被很多人喜欢呢？相对于盆景的各种造型，它更容易养护和打造，把一些原本不是树状的植物养成树状也会有视觉上的新鲜感和规律的美感，特别是在家庭种植环境中，空间和盆土都很有限，做不到很大的花景的话，棒棒糖造型就是很好的选择。

制作棒棒糖造型可以把植物分成三类：木本植物、藤本植物和草本植物。当然一些木本植物有爬藤的属性，一些草本植物会木质化，这里不是严格的植物分类，只是把植物分成 3 个操作种类。

木本植物的直立性一般都比较好，如果是从种子开始培养，在初期把所有侧芽都去掉，长到适合的高度再摘除主芽让侧芽生长。经过不断摘心促芽，枝叶会越来越丰满，达到棒棒糖的造型。如果不是从种子开始培养的，那么购买的小苗又如何打造呢？有两个方法，即压枝促芽和修剪扶。压枝促芽是把原枝条压下去，消除顶端优势，促进基部长出强壮的笋芽，用新的笋芽来造型，这样可以做出很直的主干。这个适合于能够长出强壮笋芽的植物，而不能长出强壮笋芽的植物可以用修剪加扶正的方法，在多根枝条中选择一根保留，其他都剪掉，用竹子做支撑，用扎带捆扎拉直主干。如果角度还是倾斜，在之后换盆的时候调节它的垂直度，这样就可以培养出比较直的主干。

木本棒棒糖造型过程

藤本植物的直立性不是很好，需要攀附在其他物体上生长，如果做成棒棒糖也需要用竹子作支撑，在藤蔓长到合适高度之后，在顶部摘心促芽，把枝叶养丰满。随着生长时间的增加，枝条会变得木质化并能够直立起来，这时可以把支撑的竹子去掉。

藤本棒棒糖造型过程

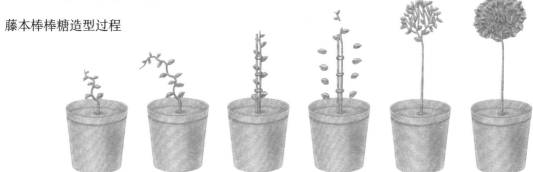

69

有一些直立性很差的草本植物，如太阳花、长寿花、蟹爪兰等，既不是爬藤，木质化的硬度也不够，正常情况下很难打造成棒棒糖形。这时有两个方法，像太阳花，可以借助道具如立柱环架让植株沿着立柱生长，形成一个小冠幅，这样就能做成棒棒糖形。这个做法跟火龙果的种植有点类似，而像长寿花、蟹爪兰等，它们既没有很好造型的长枝条，直立性也很差，最适合的方法是嫁接，采用一个亲缘关系近、直立性好的植物作砧木。亲缘关系越近，砧木和接穗的亲和力越好，嫁接的成活率越高。除棒棒糖造型，嫁接是很多植物做其他造型时也会采用的方法。

草本棒棒糖造型过程

嫁接棒棒糖造型过程

花墙

一般用藤本植物做花墙造型。藤本植物可以攀附在墙壁和架子上生长，能快速成景。花墙造型的修剪思路主要是尽可能地让枝条长丰满，覆盖墙壁以达到整面墙都是花的效果。

可以在小苗期打顶芽，先养出数根主枝条，等主枝条长到一定程度后打顶横拉，去除枝条顶端优势，让枝条能快速平均地长出分枝，分枝再打顶，这样就可以很快地打造出一面花墙。

小苗期间打顶促芽。

养出数根一级分枝。

去除一级压枝的顶端优势，
养出均匀生长的二级分枝。

矮丛

矮丛型是最简单的基础造型，有一些草本花卉原生态就是矮丛型，其修剪的要点是去除强枝，经过多次修剪后让植物达到丰满的球形。一些耐修剪的小型灌木花卉比较适合修剪成矮丛型。矮丛型的花卉可以作为前景植物，搭配树形植物组合出和谐的景观。

浇灌系统

随着种植的植物数量增多，管理时间越来越长，外出时家里的植物没人照顾，这时安装自动浇灌系统就很有必要，特别是在夏季高温天气浇水频次高的时候，它能帮你省下很多浇水时间。

自动浇灌系统可以分为三个部分：控制器、管道和喷头。控制器是整个浇灌系统的"大脑"，设置好浇灌参数就可以自动控制开关。控制器有很多种，功能多样，如下雨感应、远程控制等，在实际使用中这些功能并不是那么重要，选购时应首先考虑稳定性，要经得住风吹日晒，电池续航要足够久。在铺设管道之前先设计好线路，按照场地环境尽量沿着墙壁铺设，避免日常走动对管道的踩踏。喷头有滴灌、喷雾和喷水3种模式。在种植蔬菜时，有些蔬菜容易发生白粉病，可以采用滴灌，尽量保持叶子和环境干燥，减少病害的发生。在种植需要环境湿度大的植物时，可以采用喷雾模式，浇水的同时增加环境湿度。考虑到家庭用水环境，较长的管道可能会出现水压不足导致喷头出水不均的情况，可以采用双管道铺设的方法，两组控制器分开控制，一组浇灌完后再到下一组，错开喷洒时间，就可以解决水压不足的问题。多组控制器还可以对不同的植物实行差异化管理，植物种类很多，对水分的需求也不同，在统一的浇水频率下，有的植物长得很好，有的植物就不适应，采用多控制器就可以很好地解决这个问题。

双控制器

铺设双控制器可解决家庭用水水压不足的问题，还可以对不同植物实行差异化管理。

铺设自动浇灌系统

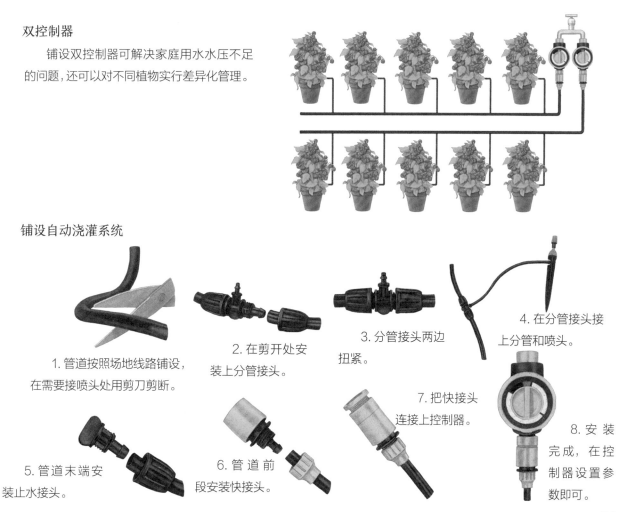

1.管道按照场地线路铺设，在需要接喷头处用剪刀剪断。

2.在剪开处安装上分管接头。

3.分管接头两边扭紧。

4.在分管接头接上分管和喷头。

5.管道末端安装止水接头。

6.管道前段安装快接头。

7.把快接头连接上控制器。

8.安装完成，在控制器设置参数即可。

正确地浇水

浇水是日常种植中做得最多的事情，浇水的正确方法经常不被人在意。其实盆土的水分控制，是植物生长的关键之一，大部分植物的死亡都跟浇水不当有关，在种植中遇到的很多问题其实就是盆土水分控制的问题。正确地浇水首先要理解水对植物生长的影响。一般土壤中缺乏水分时，根系会扎到土壤更深的位置去寻找，一旦水分消耗殆尽植物会干枯死亡。而当土壤中的水分充足，植物就不需要更发达的根系去寻找水分，这相当于抑制了植物根系的生长。所以合适植物根系生长的土壤不是潮湿的也不是干透的，而是在土壤干燥的过程中，植物能感受到水分的变化，盆土能干湿循环起来，这样才能达到好的种植效果。

不正确浇水带来的问题

浇水过多会让盆土长期保持在一个潮湿的状态，土壤透气性变差，容易导致植物烂根。而浇水过少使盆土缺乏水分，植物叶子和嫩枝会发蔫，及时补充水分就能恢复，但时间长了植物会干枯，对植物造成不可逆的伤害甚至死亡。（以上所说是家庭种植的一般情况，有一些如水生植物、沙漠植物等较特殊的植物，要根据具体生长习性浇水。）

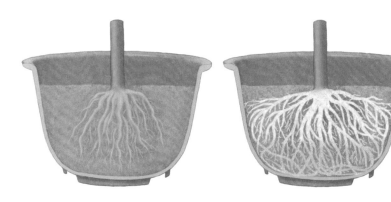

浇水过度，植物根系生长缓慢。　　　　　水分缺失会促进植物根
　　　　　　　　　　　　　　　　　　　系生长以寻找水分。

肥料种类

市面上园艺肥料种类很多，我们要如何选择呢？首先需要大致了解肥料的分类。肥料在功能上可以分为菌肥、大量元素肥和微量元素肥。菌肥在需要改良土壤的时候使用，能增加土壤中的有益菌，预防土壤病害，主要作用是改善土壤环境。大量元素肥的主要成分为氮、磷、钾。氮、磷、钾是植物生长所需的主要元素。微量元素肥用于补充植物生长所需的微量元素。在植物生长过程中，除了氮、磷、钾外，还需要一些微量元素，一旦缺乏容易出现缺素症。特别是在家庭种植环境中，往往使用椰糠等种植介质，微量元素容易缺失。

园艺肥料

肥料在形态上可以分为缓释肥、水溶肥、液肥。在实际种植中要按照植物的生长规律，合理运用不同的肥料才能达到更好的种植效果，如开始配土时可以加入缓释肥，提供基础长效的养分，在植物开花结果时施用水溶肥能快速高效地补充养分。

缓释肥	水溶肥	液肥	有机肥
缓释肥是控制肥效时间、缓慢释放的颗粒肥料。缓释肥颗粒的分解速度不一样，养分不会一下子全部释放完，会在一段时间内慢慢地释出，达到长期供肥的效果。	水溶肥是按比例加水稀释使用的粉状肥料，不论什么肥料，养分要溶于水才能被植物更好地吸收，比固体肥见效快。在植物生长急需补充营养时可以使用水溶肥。	液肥就是液态的肥料，跟水溶肥的使用大同小异，液态肥适合培养微生物菌群，能改善土壤环境。	有机肥主要以动物粪便发酵腐熟而成，多种形态都有，有机肥肥效相对温和缓慢，可以作为底肥使用，起到改善土壤环境的作用。

肥料三要素

氮：植物需要大量氮。氮素对植物生长发育的影响十分明显。当氮素充足时，植物可合成较多蛋白质，促进细胞分裂和增长，因此植物叶面积增长快，能有更多的叶面积来进行光合作用。

磷：磷在植物体中的含量仅次于氮和钾，磷对植物营养有着重要作用。植物体内几乎重要的有机化合物都含有磷。磷能促进早期根系的形成和生长，提高植物适应外界环境条件的能力，有助于植物忍耐冬天的严寒。

钾：钾是植物的主要营养元素，同时也是土壤中常因供应不足而影响作物产量的三要素之一。具有保证各种代谢过程的顺利进行、促进植物生长、增强抗病虫害和抗倒伏能力等功能。钾能明显提高植物对氮的吸收和利用，并很快转化为蛋白质。

自制堆肥箱

　　堆肥是有氧发酵，通常建议用透气的容器堆肥，有助于水分和空气流动，这样即使不翻动堆肥也可以保持一定的透气性。如果是四周和底部都相对密封的容器，底部容易积聚水分，发生厌氧发酵从而产生较大的腐烂气味，所以木制容器适合用来堆肥。如果想堆肥箱子更耐用，可以给木板涂上防腐漆。

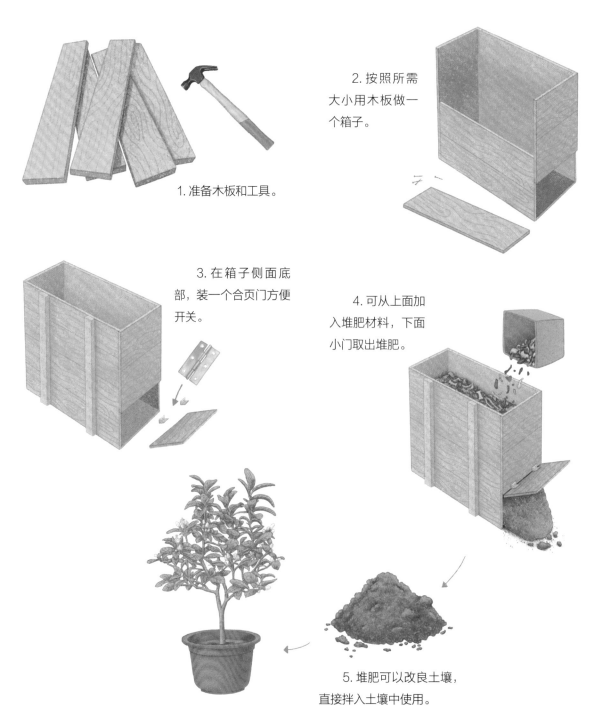

1. 准备木板和工具。

2. 按照所需大小用木板做一个箱子。

3. 在箱子侧面底部，装一个合页门方便开关。

4. 可从上面加入堆肥材料，下面小门取出堆肥。

5. 堆肥可以改良土壤，直接拌入土壤中使用。

制作肥料

市面上的园艺化肥非常多样，那么有必要自己制作肥料吗？自制肥料不仅可以处理一些厨余和残枝落叶，还能调节土壤，起到与化肥不同的效果。

在家庭种植中自制肥料一般有堆肥和沤肥两种。堆肥是有氧发酵，把材料堆积让其自然分解形成肥料。沤肥是无氧发酵，把材料放在密封的空间中，加入发酵菌使其发酵分解形成肥料，沤肥通常可以得到液肥和固体肥。

堆肥

制作堆肥比较简单，如果是在野外环境中操作，只要把所有材料堆积起来等其自然发酵即可，但要是在家庭环境中进行，不产生强烈气味就很重要了，要注意所用的材料不能水分过多，绿色材料和干燥材料尽量保持平衡。尽量不要把剩菜剩饭等含有油脂的材料放进去，这些容易使堆肥产生强烈气味，还会吸引虫害。用透气的容器如木箱来堆肥有助于水分和空气流动。

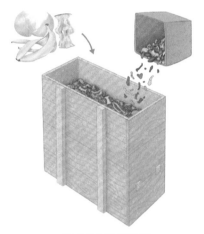

利用厨余垃圾堆肥。

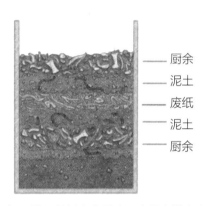

—— 厨余
—— 泥土
—— 废纸
—— 泥土
—— 厨余

如果堆肥材料含水量大，容易腐烂产生气味，可以把材料用泥土和废纸一层一层隔开，控制水分，也减少气味的产生。

沤肥

制作沤肥需要密封容器，容器中间可以用隔网隔开，用于分离发酵液体和固定，方便单独取得液肥。沤出的液肥可以加水稀释后直接灌溉植物，剩下的固体可以作堆肥使用。在家庭环境中沤肥，建议不要放动物性材料，以免产生强烈的气味。

把厨余放到沤肥桶中，加入发酵菌剂。

在沤肥过程中适当翻动材料，让材料均匀发酵。

取完液肥后，固体物可作堆肥使用。液肥可加水稀释后使用。

处理残枝

在日常种植中，不管是种植花卉树木还是蔬菜水果，都会产生一些落叶残枝，特别是番茄等，采摘完果实后，需要清理植株，从而产生大量残枝，在家庭种植中这些残枝当作垃圾处理相对麻烦，但只要把它们稍加处理利用，将会是非常好的种植材料。

处理残枝的第一步是剪碎残枝，把粗长的枝条剪成小段。第一种利用方式是直接覆盖盆土，可以避免杂草的生长，保持盆土湿润。它的作用类似农膜，而且可以调节土壤环境，残枝落叶会被土壤生物慢慢分解，补充土壤养分，把盆土调节到更适合植物生长的状态。第二种利用方式是把剪碎的残枝落叶晒干，混到土壤里使用。这样既可以调节土壤的疏松度，还能增加土壤有机质，效果比椰糠更好。但最好的方式还是用于堆肥，因为不同的植物残枝分解所需的碳氮比也不同，有些植物残枝会在分解中消耗更多氮，不仅不能补充营养，还会消耗养分。堆肥就是单独处理分解过程，再把堆好的肥料放到土壤中使用。这样就不会消耗土壤中的氮。残枝落叶的堆肥"肥力"比较柔和，不会"烧根"，能增加土壤有机质，改善土壤环境。残枝堆肥可以直接用于育苗，是非常好的播种基质。

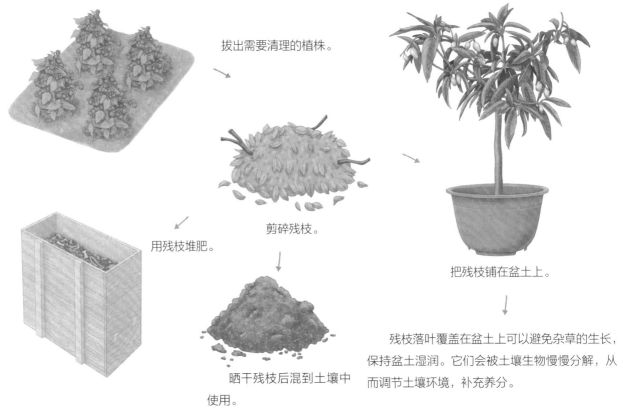

拔出需要清理的植株。

剪碎残枝。

用残枝堆肥。

晒干残枝后混到土壤中使用。

把残枝铺在盆土上。

残枝落叶覆盖在盆土上可以避免杂草的生长，保持盆土湿润。它们会被土壤生物慢慢分解，从而调节土壤环境，补充养分。

制作腐叶土

腐叶土是非常好的种植材料，制作起来很简单，残枝落叶也能利用起来，只是时间比堆肥要久一点。把落叶收集起来，放在一个塑料袋中，如果落叶很干燥，可以适当浇一些水，稍微打湿落叶，有助于分解。封住塑料袋放在树荫下1~2年，等落叶分解即可。腐叶土虽然肥力不高，但可以有效改良土壤，改善种植环境。

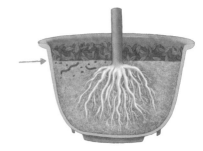

常见虫害

蓟马

蓟马是昆虫纲缨翅目的统称。幼虫呈白色、黄色或橘色，成虫黄色、棕色或黑色；取食植物汁液或真菌。体微小，体长 0.5~2mm，很少超过 7mm。

通常出现蓟马虫害的植物叶子初期会出现白点，严重时叶子被叮咬造成卷曲，伸展不开，嫩芽发黑，生长缓慢。如果看到叶子有这种现象就要留意，仔细观察叶子上是否藏有蓟马。蓟马有一定耐药性，如发现蓟马虫害要用相应的药剂喷洒及早杀灭，喷洒 2~3 次可基本防治。平时也可以配合挂粘虫板或防虫网等物理手段防治。

白粉虱

白粉虱又名小白蛾子，属半翅目粉虱科，是种植作物的重要害虫。寄主范围广，大部分蔬菜及花卉、果树等都受其害。白粉虱的繁殖速度很快，可以短时间内大量爆发，还能在植物间传播病毒性病害，危害极大。

在白粉虱虫害频繁发生时，可以进行植物轮作倒茬，利用黄板诱杀，最好在虫害发现初期及时用药物防治。在发现植物出现病毒性病害时要及时清理掉病株，以免白粉虱传播。

蚜虫

蚜虫，又称腻虫、蜜虫，是一类植食性昆虫。蚜虫的繁殖速度很快，在温度条件合适的情况下 4~5 天就可完成一代繁殖。蚜虫会在叶背和嫩茎上吸食植物汁液，使叶片卷曲、嫩芽萎蔫，甚至死亡。在家庭种植中蚜虫的危害虽然很大，但抗药性不强，发现虫害要及时处理。捕食性瓢虫是蚜虫的天敌，如果出现捕食瓢虫不要清除，它可以帮助清除蚜虫的危害。

蚧壳虫

蚧壳虫又名介壳虫。常见的有红圆蚧、褐圆蚧、康片蚧、矢尖蚧和吹绵蚧等。蚧壳虫危害叶片、枝条和果实。蚧壳虫终生寄居在枝叶或果实上，造成叶片发黄、枝梢枯萎、树势衰退，且易诱发煤污病。蚧壳虫虫体小，繁殖快，1 年繁殖 2~7 代，虫体被厚厚的蜡质层所包裹，防治非常困难。蚧壳虫是多肉植物中常发生的虫害，将内吸性药物撒在盆土中，可以有效防止。

潜叶蝇

潜叶蝇属双翅目潜蝇科，主要在植物叶片或叶柄内取食，形成的线状或弯曲盘绕的不规则虫道影响植物光合作用。幼虫往往钻入叶片组织中，潜食叶肉组织，造成叶片呈现不规则白色条斑，或逐渐枯黄，危害严重时被害植株叶黄脱落，甚至死苗。潜叶蝇不容易被肉眼发现，无法进行人工清除，但相对其他常见害虫来说爆发速度并不算快，用防虫网可以有效预防虫害发生。

赤星椿象

赤星椿象是半翅目蝽科，体长为 12~17 mm。身体橙色，头部红色，上翅膜质部分黑色，上翅革质部分左右各有一个小黑点。成虫和若虫早晚或阴雨天气多栖息于树冠外围叶片，可在早晨或傍晚露水未干时进行捕杀。卵多产于叶面，成卵块，极易发现，可在 5~8 月成虫产卵期间深入检查，及时摘除卵块。

黄守瓜

黄守瓜属鞘翅目叶甲科。黄守瓜食性广泛，几乎危害各种瓜类，受害最多的是西瓜、南瓜、甜瓜、黄瓜等，也危害十字花科、茄科、豆科、向日葵、柑橘、桃、梨、苹果、朴树和桑树等。黄守瓜成虫、幼虫都能危害植物。成虫喜食瓜叶和花瓣，还可危害南瓜幼苗皮层，咬断嫩茎和食害幼果。叶片被食后形成圆形缺刻，影响光合作用，瓜苗被害后，常带来毁灭性灾害。

防治黄守瓜要在成虫期，可利用其趋黄习性，用黄板诱杀，清晨成虫活动力差，借此机会可进行人工捕捉。在瓜苗初见萎蔫时及早施药可防治幼虫，幼虫抗药性较差，施药能尽快将其杀死。

小菜蛾

小菜蛾属鳞翅目菜蛾科，别名小青虫、两头尖。主要危害甘蓝、紫甘蓝、青花菜、薹菜、芥菜、花椰菜、白菜、油菜、萝卜等十字花科植物。危害特点：初龄幼虫仅取食叶肉，留下表皮，在菜叶上形成一个个透明的斑，3~4 龄幼虫可将菜叶食成孔洞和缺刻，严重时全叶被吃成网状。在苗期常集中危害心叶，影响包心。在留种株上，危害嫩茎、幼荚和籽粒。小菜蛾食量很大，可以很快地把植物吃光，发现虫害时要及时处理。抗药性不强，一般用相应的药剂喷洒即能杀灭。

卷叶螟

卷叶螟是节肢动物门的一种昆虫。成虫夜出活动，具有趋光性，成虫雌蛾喜欢在生长茂密的豆田产卵，散产于叶子背面，每只雌性产卵 40~70 粒，幼虫孵化后即吐丝卷叶或缀叶潜伏在卷叶内取食，发育成熟后可在其中化蛹，也可在落叶中化蛹。

我们在植物上发现叶子卷起来就要仔细观察，把卷曲的部分展开看里面是否有虫子。在家庭种植中植物数量有限，发现虫害可以直接用手去除。用药时要喷洒到卷叶中，才会有较好的杀灭效果。

地老虎

地老虎属鳞翅目夜蛾科，又名土蚕、切根虫等，是我国各类农作物苗期的重要地下害虫。地老虎一般在夜间出没，白天躲藏在泥土中，伪装得很好，很难发现。看到植物叶片被啃食而植物上又没有发现虫子，很可能就是地老虎所为。由于躲藏在泥土中，喷洒药物效果也不好，我们可以在晚上对其进行人工捕捉。

黄曲条跳甲

黄曲条跳甲属鞘翅目叶甲科害虫，俗称狗虱虫、菜蚤子、跳虱，简称跳甲。常危害叶菜类蔬菜，以甘蓝、花椰菜、白菜、菜薹、萝卜、芜菁、油菜等十字花科蔬菜为主，但也危害茄果类、瓜类、豆类蔬菜。近年来，黄曲条跳甲的危害逐渐加重。黄曲条跳甲体形细小，跳跃能力很强，喷洒药剂时会跳走躲避，是比较难根治的虫害之一。它主要危害十字花科蔬菜，在种植时可以与其他植物套种，以减少虫害发生与传播。

叶螨

叶螨就是平常说的红蜘蛛，是蜱螨亚纲叶螨科的植食螨类。取食植物的叶和果实。植物受害严重时，叶子严重变薄、变白，甚至脱落。

红蜘蛛体形非常小，不仔细观察，肉眼很难发现，结网时才能明显地观察到。红蜘蛛是比较难对付的虫害，因为它繁殖速度快，抗药能力强，可以经过快速繁殖而增强耐药性。对红蜘蛛喷洒药剂不能一直用同一种药物，会让它产生耐药性。正确的方法是间隔多种药物使用，尽量用对成虫与虫卵都有杀灭效果的药，一次性杀灭，避免虫害反复出现。有人尝试用生物办法治理，采用捕食螨捕食红蜘蛛，并在农业种植中取得一定成效。但是在家庭环境中效果有待验证。

有益的瓢虫

瓢虫的幼虫会捕食蚜虫和蚧壳虫，如果植物上出现瓢虫的幼虫，一定不要清除它，它会有效地帮你控制蚜虫的侵害。但也有一些瓢虫是害虫，它们不仅不会捕食蚜虫，还会啃食植物，但在先爆发蚜虫的植物上出现的瓢虫基本都是益虫，植物上有蚜虫作为食物，它们才会来产卵。

如何分辨瓢虫是有益还是有害的呢？按照瓢虫的食性，可以把它们分成三类：肉食性（捕食性）、素食性（植食性）和菌食性。

首先可以从食性上分辨它们，幼虫和成虫都是肉食性瓢虫的可以归为有益的一类。因为它们捕食的是危害植物的蚜虫和蚧壳虫，从而保护了植物。而幼虫和成虫都是植食性瓢虫的会直接对植物造成伤害，所以归为有害的一类。另外也可以从形态上区分它们，通常有益的瓢虫成虫背面没毛但有光泽，而幼虫身上长了很多柔软的小毛。有害的瓢虫成虫背面长满了细毛，没有光泽，其幼虫身上长着坚硬的尖刺。

捕食性
　　成虫：背面无毛有光泽。
　　幼虫：毛刺短而软。

植食性
　　成虫：背面有毛无光泽。
　　幼虫：毛刺长而硬。

第四章

我的天台种植园

建园实录

这是一个闲置的楼顶，最初一片混乱，有很多垃圾。

先把楼顶垃圾清理干净。

清理完场地后开始规划和建立种植槽。

种植槽初步完成。

给种植槽填土，需要把土搬运到楼顶。

使用大量椰糠混入土中，既可提高土壤疏松度，相对来说也方便搬运一些。

第一批种植的是生菜，一排排整齐地种下，长势喜人。

给丝瓜搭攀爬架，对丝瓜来说这个架子有点小。

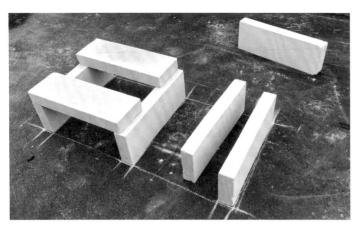

用剩下的砖做一个桌子，不怕晒不怕淋雨，这才是花园需要的桌子。

利用攀爬植物作为造景，另有一番风味。

种上各种蔬果，种植园"蔬菜区"已经初步成形。

向日葵开花了。

把墙壁涂上淡蓝色的油漆，整个天台种植园都明亮起来。

用混凝土做一个鱼缸，前挡使用玻璃，可以很好地观看到水体。

制作种植棚时，应用铁丝网做一个框架再浇筑混凝土。

用角铁搭建种植棚，在不打孔的情况下角铁是比较容易操作的材料。

搭好框架后再铺防虫网。

防虫网可以减少虫害的发生，但不是完全没有虫害，只是降低虫害发生概率，减少杀虫剂的使用。

在种植棚可以采用吊蔓种植甜瓜和西瓜。

这是一个法国的甜瓜品种"夏朗德"。家庭种植的乐趣之一就是种植各种当地买不到的蔬果品种。

小朋友在给蔬菜浇水，种植园成了一个很好的种植体验场地。

这种芥菜可以腌制成酸菜，自己做的酸菜很"酸爽"。

番茄是我最喜欢种的蔬果之一，它有不同的品种，口味各不相同，可以鲜食也可以做菜。

番茄的颜色也很漂亮。

花园区的花卉和果树。

果树不仅可以结果，在花园区还可以作为大冠幅的后景植物。

各种蔬果"大丰收"，小朋友可以体验采摘，感受收获的喜悦。

采收了一大堆蔬果。

花园区初步成形，还没有到花期，前期以养苗为主。

劳作区。

天台种植园已经初步建立，但达到预期的效果还需要一个漫长的过程，后期我会让植物慢慢丰富起来。

后记

　　每个人都有自己的兴趣爱好，但随着你对一件事情不断深入了解、对每个细节执着控制，在兴趣上进入所谓"发烧友"的行列，有时候在别人看来则有点过于痴迷。在家庭种植这件事上，随着对种植的慢慢了解，讲究也越来越多，配土要疏松透气，浇水要干湿循环，养护要添加微量元素和有益菌，各种种植工具也越买越多，但植物并没有因此而种得更好。有时候难免听到一些声音，什么土壤配比、添加微量元素，种个菜搞得这么花里胡哨，还没别人在地里随便种的好。是啊！为什么呢？为什么别人在地里随便种的都比家庭种植用心管理的要长得好呢？有时候觉得是不是在种植过程中管理过度，是不是种植方法只在乎理论而显得花里胡哨，是不是过分依赖不切实际的养护工具与肥料。为什么总是感觉种植起来比别人麻烦？我在另外一个事情中仿佛找到了答案。

　　我们要在鱼缸中建立自然生态链，达到生态环境的平衡鱼才能养好。为了达到这种平衡，往往需要大量的人工操作来模仿大自然的环境，而在越小的鱼缸中建立一个平衡的生态链就越难，水体越小容错值就越小，如果你在一个鱼塘中撒入一包盐可能影响不大，在鱼缸中那将是致命的。如果鱼所在的水体环境足够大，水中的

溶氧量就足以满足鱼的需求，而在鱼缸这种小环境中就需要人工干预。这就让我明白了为什么在天台上种植显得那么麻烦。这其实跟养鱼是一个道理，也是在一个小环境中建立一个相对平衡的生态环境以维持植物的生长，所以要更多的人工干预。地栽时土壤体积足够大，植物的根系能扎得更深，能吸取深处土壤的水分，能适应更长的缺水时间。土壤中的菌群以及土壤生物可以调节土壤环境，微量元素也相对较多，自身就可以达到适合植物生长的状态，在管理的容错率上也大得多。而在容器中种植就需要大量的人工管理来达到某种平衡才能种好植物。因为土壤体积小，需要讲究土壤的配比，需要更多的浇水频次，需要添加各种菌群与微量元素等，而且一般地栽所运用的管理方法不一定适合家庭种植。另外，为了便于搬运，在家庭种植中很多时候会采用椰糠这种轻量的种植介质，这就需要添加一些操作性更好的园艺肥料，而这也可能是有些人觉得种植变得烦琐的原因之一吧。

生活中我们会遇到各种各样的问题，就像种植时遇到不同的病虫害，只有想办法解决它，植物才会结出想要的果实，虽然有时候这个果实长得也不是太好，但你永远会觉得它比外面买的要甜一些。面对选择的时候就像给植物间苗，每一棵都长得不错，拔掉哪一棵都很可惜，但终将牺牲一部分，腾出空间给更有潜力的植物。到结果的时候还要决定留果的数量来保证果实的质量，生活中的我们也时刻面对选择，学会放弃是为了得到更高质量的果实。我们为什么要付出这么多精力去种植出并没有那么完美的果实呢？去买不是很好吗？其实，是因为我们热爱生活，喜欢种植，享受植物生长和成熟的过程，所以不管果实完不完美。

锦鱼